涡旋絮凝低脉动沉淀理论及应用

王　淼　艾恒雨　著
王绍文　　　　主审

中国建筑工业出版社

图书在版编目（CIP）数据

涡旋絮凝低脉动沉淀理论及应用/王森，艾恒雨著. —北京：中国建筑工业出版社，2017.12
ISBN 978-7-112-21561-4

Ⅰ. ①涡…　Ⅱ. ①王… ②艾…　Ⅲ. ①水絮凝-理论②水沉淀-理论　Ⅳ. ①TU991.2

中国版本图书馆 CIP 数据核字（2017）第 291122 号

本书在絮凝与沉淀基本理论的基础上，详细阐述了惯性效应絮凝与低脉动沉淀理论的机理与应用。絮凝方面着重讨论了如何利用微涡旋的离心惯性效应有效促进脱稳胶体间的相互碰撞，并在絮凝剂的作用下如何进行絮凝、长大，通过理论计算与工程实践讨论了小孔眼网格这一微涡旋絮凝设备的应用效能；沉淀方面着重讨论了如何利用湍流低脉动沉淀理论实现沉淀池中固液非均相物系的分离，并讨论了在浅池理论与低脉动沉淀理论基础上开发的小间距斜板的沉淀性能。通过选取新建、扩建、改造等具有代表性的水处理工程实例，详细阐明了微涡旋絮凝与低脉动沉淀理论在工程中的应用情况。本书内容专业性与理论性强，并具有一定的广度和深度，适合从事水处理工程工作的科技人员选用和参考。

责任编辑：王　磊　田启铭
责任设计：王国羽
责任校对：李美娜　芦欣甜

涡旋絮凝低脉动沉淀理论及应用
王　森　艾恒雨　著
王绍文　　　　主审
*
中国建筑工业出版社出版、发行（北京海淀三里河路9号）
各地新华书店、建筑书店经销
霸州市顺浩图文科技发展有限公司制版
北京中科印刷有限公司印刷
*
开本：787×1092毫米　1/16　印张：9½　字数：173千字
2018年2月第一版　2018年2月第一次印刷
定价：**38.00**元
ISBN 978-7-112-21561-4
(31097)

序

絮凝沉淀作为给水常规处理过程的核心环节，一直备受关注。在近二十年的理论研究与实践应用中，作者矢志探究絮凝与沉淀的全过程，深入思考水质净化过程中存在的问题，日臻完善了颗粒的微涡旋絮凝与低脉动沉淀理论。以本书作者为带头人的技术团队提出了水质净化领域中两项未被广泛认知的规律：(1) 多相流动物系物相接触与颗粒碰撞的动力学致因；(2) 多相流动物系亚微观传质规律及其动力学致因。在此发现的基础之上，通过大量卓有成效的研发工作，在多年的科研攻关和工程建设实践中，建立了"涡旋混凝低脉动沉淀"理论系统，并开发了一整套适合处理江河水、水库水和海水的给水混凝沉淀处理工艺与再生水回用工艺，配合该工艺开发的设备已在国内外300多家水厂得到应用，获得了良好的经济效益和社会效益，为推动我国给水处理事业的建设与发展做出了积极贡献。作者通过对多相流动物系碰撞理论、多相流动物系亚微观传质规律、涡旋混凝低脉动沉淀理论的总结，融合多年的工程经验，完成了本书的编著。本书通过深层次、专业化的讲解和大量的工程案例，详细阐明了原水净化的本质机理和工程应用方法，这将对推进供排水基础设施建设、强化管理、提升服务水平产生深远影响，具有重要的借鉴意义。

本书在组织、编写和出版过程中，得到了许多专家、教授和同行们的大力支持和热心帮助，在此，对他们所付出的辛勤劳动表示衷心的感谢!

2017年9月

目录

第 1 章　絮凝机理与絮凝工艺

关于“混凝”的概念，目前尚无统一规范的定义。“混凝”有时与“凝聚”和“絮凝”相互通用。一般认为，水中胶体失去稳定性的过程称“凝聚”；脱稳胶体相互聚集称“絮凝”；“混凝”是凝聚和絮凝的总称。工程界中所讲的“混凝”是指胶体粒子以及微小悬浮物的聚集过程，这一过程涉及三方面问题：①水中胶体粒子的性质；②混凝剂的水解特性及絮凝性能；③脱稳胶体的凝并作用。本书中有关絮凝的讨论仅考虑第三方面的问题，即如何有效地促进脱稳胶体间的相互絮凝、长大。

1.1　絮凝机理

1.1.1　胶体的动力学稳定与聚集稳定

水处理领域内，凡沉降速度十分缓慢的粒子及微小悬浮物均被认为是“稳定”的。如水中的黏土胶体粒子等。胶体稳定性可分为“动力学稳定”和“聚集稳定”两种。

动力学稳定是指颗粒布朗运动对抗重力影响的能力。在稳定体系中，胶体粒子很小，布朗运动激烈，本身质量小而所受重力作用小，布朗运动足以抵抗重力影响，因而能长期稳定悬浮于水中，具有动力学稳定性。粒子越小，动力学稳定性越高。

聚集稳定性指胶体粒子之间不能相互聚集的特性。胶体粒子由于粒径小，比表面积大，从而表面能很大，在布朗运动作用下，有自发地相互聚集的倾向，但由于粒子表面同性电荷的斥力作用或水化膜的阻碍使这种自发聚集不能发生，从而存在聚集稳定性。胶体稳定性，关键在于聚集稳定性。

对憎水胶体而言，聚集稳定性主要决定于胶体颗粒表面的动电位，即 ζ 电位。ζ 电位越高，同性电荷斥力越大。德加根（Derjaguin）、兰道（Landon）、伏维（Verwey）和奥贝克（Overbeek）各自从胶粒之间相互作用能量的角度阐明胶粒相互作用理论，简称 DLVO 理论。该理论认为，当两个胶粒相互接近以至双电层发生重叠时，便产生静电斥力。静电斥力与两胶粒表面间距 x 有关，用排斥势能 E_R 表示，E_R 随着 x 增大而按指数关系减小。若两胶粒间的范德华引力产生的吸引势能用 E_A 表示，则排斥势能 E_R 和吸引势能

E_A相加即为总势能 E。两个带有相同电荷的胶粒间存在着排斥能峰 E_{max}，所对应的胶粒间距为 x_{min}，由于胶体布朗运动的动能远小于 E_{max}，两胶粒间的距离无法靠近到小于 x_{min}，从而使胶体处于分散稳定状态。

胶体的聚集稳定并非都是由于静电斥力引起的，胶体表面的水化作用往往也是重要因素。某些胶体（如黏土胶体）的水化作用一般是由胶粒表面电荷引起的，且水化作用较弱。因而，黏土胶体的水化作用对聚集稳定性的影响不大。因为，当水体中存在带异性电荷的电解质时，ζ电位便会降低至一定程度或完全消失，水化膜也随之消失。但对于亲水胶体（如有机物或高分子物质）而言，水分子的强烈吸附，使粒子周围包裹一层较厚的水化膜，阻碍胶粒相互靠近，因而使范德华力不能发挥作用。实践证明，虽然憎水胶体也存在双电层结构，但ζ电位对胶体稳定性的影响远小于水化膜的影响。因此，亲水胶体的稳定性尚不能用 DLVO 理论解释。

1.1.2 混凝剂的三种混凝机理

混凝剂的混凝机理尚无准确、全面的解释。目前，水处理领域较为一致的看法是，混凝剂对水中胶体粒子的混凝作用分为三种：电性中和、吸附架桥和卷扫作用。这三种作用以何者为主，取决于混凝剂的种类和投加量、水中胶体粒子的性质、含量以及水的 pH 值等。这三种作用有时同时存在，有时仅存在其中的某一种或某两种。

1. 吸附-电性中和

水处理过程中向原水中投加混凝剂时，在水体内最初发生的混凝机理即是电性中和。水体中存在的多是带负电的胶体电荷，投入的混凝剂是带正电荷的离子或聚合离子，如果混凝剂仅是简单的离子，如 Na^+、Ca^{2+}、Al^{3+}等，其作用是压缩胶体双电层（为保持胶体电性中和所要求的扩散层厚度），从而使胶体滑动面上的ζ电位降低，使排斥能峰 E_{max}降低到可以使胶粒相互凝聚的程度。

当水中聚合混凝剂投量过大时，水中原来的负电荷胶体可变成带正电荷的胶体。这是压缩双电层理论不能解释的，近代理论认为，这是由于带负电荷胶核直接吸附了过多的正电荷聚合离子的结果。这种吸附力包括静电引力、范德华力、氢键及共价键等。以铝盐为例，当 pH 值<3 时，铝盐混凝剂的水解产物多为 $[Al(H_2O)_6]^{3+}$，它可起压缩双电层作用；当 pH 值>3 时，铝盐混凝剂的水解产物多为多核羟基配合物，这些物质往往会吸附在胶核表面，分子量越大，吸附作用越强。如 $[Al_{13}(OH)_{32}]^{7+}$与胶核表面的吸附强度大于$[Al_{13}(OH)_{34}]^{5+}$或$[Al_2(OH)_2]^{4+}$与胶核表面的吸附强度。这不仅由于前者正电价数高于后者，主要还是由于分子量远大于后者。带正电的高分子物质与负电荷胶粒吸附性更强，并可在水中慢慢置换分子量低的物质并与胶核吸附在一起。天然水体的 pH 值通常大于 3，因此水的混凝过程中通常发生的是吸附-电性中和，而压缩双电层-电性中和作用甚微。

2. 吸附架桥

不仅带异性电荷的高分子物质与胶粒具有强烈吸附作用，不带电甚至带有与胶粒同性电荷的高分子物质与胶粒也有吸附作用。拉曼（Lamer）等通过对高分子物质吸附架桥作用的研究认为：当高分子链的一端吸附了某一胶粒后，另一端又吸附另一胶粒，形成“胶粒—高分子—胶粒”的絮凝体，如图 1-1 所示。高分子物质在这里起了胶粒与胶粒之间相互结合的桥梁作用，故称吸附架桥作用。当高分子物质投量过多时，将产生“胶体保护”作用，如图 1-2 所示。胶体保护可理解为：当全部胶粒的吸附面均被高分子覆盖以后，两胶粒接近时，就受到高分子的阻碍而不能聚集。这种阻碍来源于高分子之间的相互排斥（见图 1-2）。排斥力可能来源于“胶粒—胶粒”之间高分子受到压缩变形（像弹簧被压缩一样）而具有排斥势能，也可能由于高分子之间的电性斥力（对带电高分子而言）或水化膜。因此，高分子物质投量过少不足以将胶粒架桥连接起来，投量过多又会产生胶体保护作用。最佳投量应是既能把胶粒快速絮凝起来，又可使絮凝起来的最大胶粒不易脱落。根据吸附原理，胶粒表面高分子覆盖率为 1/2 时絮凝效果最好。但在实际水处理中，胶粒表面覆盖率无法测定，故高分子混凝剂投量通常由试验决定。

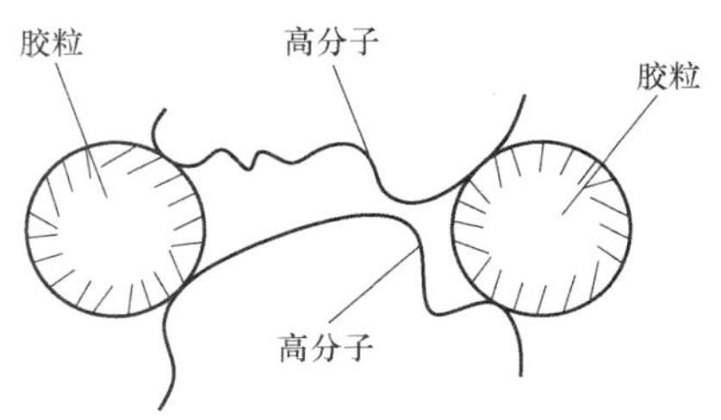

图 1-1　架桥模型示意图

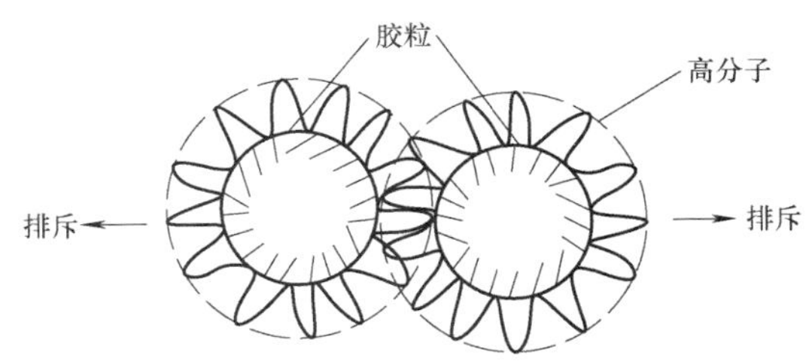

图 1-2　胶体保护示意图

起架桥作用的高分子都是线性分子且需要一定长度。长度不够不能起粒间架桥作用，只能被单个分子吸附。所需起码长度，取决于水中胶粒尺寸、高分子基团数目、分子的分枝程度等。显然，铝盐的多核水解产物，分子尺寸都不足以起粒间架桥作用。它们只能被单个分子吸附从而起电性中和作用。而中性氢氧化铝聚合物$[Al(OH)_3]_n$则可起架桥作用，不过对此目前尚有争议。

不言而喻，若高分子物质为阳离子型聚合电解质，它具有电性中和和吸附架桥双重作用；若为非离子型（不带电荷）或阴离子型（带负电荷）聚合电解质，只能起粒间架桥作用。

3. 网捕或卷扫

当铝盐或铁盐混凝剂投量很大而形成大量氢氧化物沉淀时，可以网捕、卷扫水中胶粒以至产生沉淀分离，称卷扫或网捕作用。这种作用，基本上是一种机械作用，所需混凝剂量与原水杂质含量成反比，即原水胶体杂质含量少时，所需混凝剂多，反之亦然。

概括以上几种混凝机理，可作如下判断：

（1）对铝盐混凝剂（铁盐类似）而言，当 pH 值<3时，简单水合铝离子$[Al(H_2O)_6]^{3+}$可起压缩胶体双电层作用，但在给水处理中，这种情况少见；在 pH 值$=4.5\sim6.0$范围内（视混凝剂投量不同而异），主要是多核羟基配合物对负电荷胶体起电性中和作用，凝聚体比较密实；在 pH 值$=7\sim7.5$范围内，电中性氢氧化铝聚合物$[Al(OH)_3]_n$可起吸附架桥作用，同时也存在某些羟基配合物的电性中和作用。天然水的 pH 值一般在 6.5～7.8 之间，铝盐的混凝作用主要是吸附架桥和电性中和，两者以何为主，决定于铝盐投加量；当铝盐投加量超过一定限度时，会产生“胶体保护”作用，使脱稳胶粒电荷变号或使胶粒被包卷而重新稳定（常称“再稳”现象）；当铝盐投加量再次增大、超过氢氧化铝溶解度产生大量氢氧化铝沉淀物时，则起网捕和卷扫作用。实际上，在一定的 pH 值下，几种作用都可能同时存在，只是程度不同，这与铝盐投加量和水中胶粒含量有关。如果水中胶粒含量过低，往往需投加大量铝盐混凝剂使之产生卷扫作用才能发生混凝作用。

（2）阳离子型高分子混凝剂可对负电荷胶粒起电性中和与吸附架桥双重作用，絮凝体一般比较密实。非离子型和阴离子型高分子混凝剂只能起吸附架桥作用。当高分子物质投量过多时，也产生“胶体保护”作用使颗粒重新悬浮。

1.2 絮凝过程

1.2.1 容积絮凝与接触絮凝

根据混凝剂的混凝原理，当水中的电解质对于胶体双电层所起的作用，足以使水中两个胶体颗粒碰撞所需的引力克服掉彼此间的斥力和扩散能量时，两个胶体即可结合在一起，于是出现絮凝过程。随着这种絮凝过程的进行，水中原来存在的胶体颗粒将逐渐消失，同时出现越来越大的颗粒。当颗粒大到不再具有布朗运动的性能，而失去相互碰撞的推动力时，则可继续采用适当的促进絮凝的手段，如搅拌器、折板或网格等絮凝设备，使这些颗粒继续相碰长大，使胶体微粒结构成长为宏观尺寸的絮体，直到絮体粒度不能承受絮凝过程所产生的剪切力为止。

水处理中把上述絮凝过程称为容积絮凝（volume flocculation）。这种絮凝所产生的絮体，其沉速足以使之在沉淀设备或沉淀池中下沉到底，从而达到将胶体从水中分离出去的目的。这种具有宏观体积的絮体由许多固体微粒聚集而成，其微粒间的孔隙充满水，大粒的絮体中甚至出现空洞，因此称为"容积"絮凝而不称为"体积"絮凝。

接触絮凝（contact flocculation）是与容积絮凝同时出现的术语。俄语 1950 年代的文献中首先出现接触絮凝和容积絮凝两条术语，英语文献则在 1970 年代初出现这两条术语。当带胶体的水流通过宏观固体物的表面，而水中电解质的浓度足以使胶体接触固体表面时不致相斥，则胶体能附着在固体表面上。这种胶体因通过与宏观固体的表面接触从水中分离出来的过程，相当于微观颗粒与宏观固体间的"絮凝"，所以称为接触絮凝。可以看出，接触絮凝与容积絮凝都需要电解质来降低胶体和与它所接触的固体表面的斥力，但接触絮凝却不需要胶体颗粒间的直接聚集过程。

接触絮凝的现象首先是从快滤池的工作过程启发来的，相应地出现接触过滤这一术语。对于接触过滤来说，胶体所接触的可以是砂粒的表面本身，也可以是原先吸附在砂粒表面的其他微粒的表面。按这样的理解，胶体与宏观的非实体絮体颗粒间同样会发生接触絮凝现象，因为胶体所接触的同样都是微粒的表面，与接触过滤一样。

水中两种不同离子对同一种胶体所起的絮凝作用可能是加成的，也可能是消减的，前者加强了絮凝过程，后者削弱了絮凝过程。

当电解质的浓度从低浓度开始逐渐增加时，水中氧化物等胶体可能出现稳定—絮凝—再稳定三个区；对某些憎水胶体来说，当再稳定区的电解质浓度继续增加时，最后还可能再出现一个絮凝区。

以上所讨论的絮凝现象都是借助于电解质对同一种胶体所起的作用。但是，当带正电荷的憎水胶体与带负电荷的憎水胶体混合在一起时，由于异号电荷间的吸引和中和作用，两种胶体颗粒就会自动结合在一起，而无需借助于电解质的作用。这种现象称为互絮凝或异絮凝（hetero flocculation）。当两种胶体的总电荷彼此相等时，两种胶体的电荷恰好对消掉，互絮凝的作用能得到最好的发挥。当一种胶体的电荷大大超过另一种胶体时，后者将被前者完全包围，因而出现一种带电荷为前者的稳定混合胶体系统。

当水中有少量亲水胶体时，可以降低憎水胶体絮凝所需的电解质正常用量，这种现象称为敏化作用。发生敏化作用的亲水胶体，当所带电荷与憎水胶体的电荷符号相反时，可用互絮凝来解释敏化现象。少量的蛋白质对憎水胶体的敏化作用即为例子。但是，与憎水胶体的带电荷完全相同的亲水胶体也有产生敏化作用的情况。水中憎水胶体的电泳现象和布朗运动都不会因加入敏化胶体而发生变化。水中存在大量的亲水胶体时，憎水胶体将完全被亲水胶体所包围，因而成为被护胶体。

1.2.2 絮体的增长过程

1. 参与絮凝过程的微粒

有关胶体絮凝过程的理论研究，一般只涉及一种电解质和一种胶体颗粒所组成的体系。但水处理的絮凝过程，情况则复杂得多，这表现在参与絮凝过程的微粒有多种成分，微粒大小悬殊。这些微粒可分为两类：①水中常见的微粒，主要指黏土、细菌、病毒、腐殖质等天然成分，以及由于污染等原因带入的无机物和有机物微粒；②絮凝剂所产生的水解聚合物离子、氢氧化物沉淀物等微粒。属于①类的微粒有时还包括粉砂，粒度小于 10～20μm 的粉砂还具有微弱的布朗运动现象。这些微粒在絮凝过程中同样也参与构成絮体的运动，该类微粒的尺寸下限为胶体的下限 1 nm，上限有时为黏土的上限 4μm，甚至可达粉砂的下限 20～200μm。而高分子的聚合物展开长度有时可达 10μm 以上。只有充分考虑了参与絮凝过程中的各种微粒的形状和大小，才能研究真实的絮体形成过程和絮体的结构形态，这就是提出絮凝形态学的最基本观点。

此外，水中极微颗粒的数量是极大的。例如，对浊度 0.1NTU 含有 Al 0.1mg/L 的水，其颗粒物浓度可进行简化估算：假定 0.1NTU 浊度相当于 0.1mg/L 黏土的含量，按相对密度 2.5、面积为 1μm^2（宽约 1μm）、厚 0.1μm 的颗粒估算，微粒浓度为 4×10^8 个/L。假定相当于 Al 的 0.1mg/L 的铝盐混凝剂在水中产生水解胶体物的分子量为 1000，Al 在胶体颗粒中的含量以 35%计（例如 13 个 $Al(OH)_3$ 分子组成的颗粒或 $Al_{13}(OH)_{34}^{5+}$ 中 Al 的含量），则 0.1mg/L 的 Al 约相当于分子量为 1000 的颗粒 0.3mg/L，按 1mol 含 6×10^{23} 个颗粒计，则每升水中的个数为：

$$\frac{0.3}{1000\times1000}\times6\times10^{23}\text{个}=1.8\times10^{17}\text{个}$$

因此，每个黏土颗粒平均可吸附 $1.8\times10^{17}/4\times10^8$ 个≈4.5×10^8 个混凝剂颗粒。另据试验，在浓度为 0.11NTU 的过滤水中，相应的残余铝量为 0.06mg/L，每升水含有 0.59～1.0μm 的颗粒约 3.4×10^8个。上述用黏土颗粒的估算浓度与这一数据近似一致。只考虑黏土颗粒的原因是由于含铝的混凝剂颗粒，其粒度比黏土小 2～3 个数量级，吸附在每个黏土颗粒的表面后，不会影响黏土的粒度，未被吸附的即使聚集成更大的颗粒，也远达不到所测定的粒度。因此，只有黏土才是决定水中颗粒浓度的因素。

2. 絮体粒度的增长

絮体的长大过程是一个具有实际意义的问题。图 1-3 描述了絮体粒度的增长过程。絮体是用纽约的自来水为原水（浊度小于 5NTU），进行混凝杯罐试验产生的。混凝剂用量为 24mg/L 的硫酸铝，这一剂量使水中产生浊度的石英微粒的 ζ 电位降为零。从图中可以看出，当絮凝时间达到 35min 时，此时的粒度达到极限值 0.6mm，在絮凝时间 0～10min 内，絮体粒度的增长很快，10min 时已达到 0.5mm，接近了极限值。

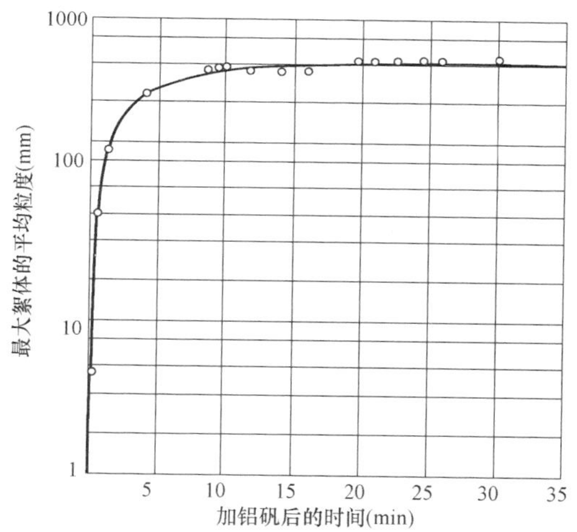

图 1-3　絮体粒度的增长曲线

图 1-4 是图 1-3 的另一表达方式，图中的实线表示粒度与絮凝时间的实测数据，而虚线则由实线外延得出。由于这个试验是用自来水做的，水中的微粒在 1μm 以下，因此，外延约至粒度 0.1μm 的虚线可能仍然代表实际情况，这个粒度的相应时间为数毫秒。由于从 1s 作为絮体结算点，可推知凝聚过程必然在数微秒

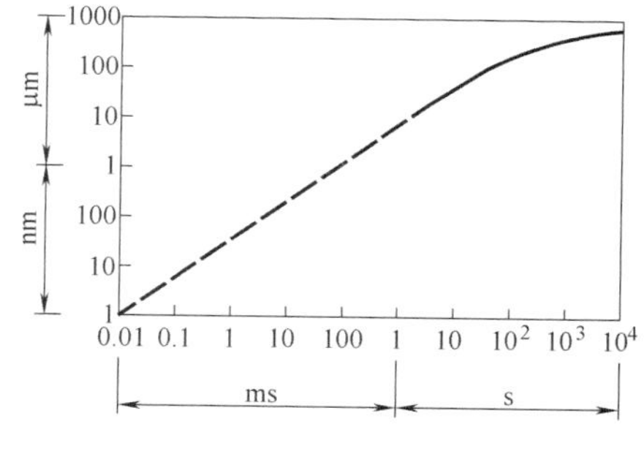

图 1-4　图 1-3 的数据表达式

至 1s 内即已完成。图中外延的其余部分虽然只有理论上的价值，但外延末端所对应的 1～10nm 的粒度，也可理解为代表了铝盐水解物的大小。图 1-3 和图 1-4 可作为低浊度水在常规过程中絮体长大的一般模式。

图 1-3 可用下列关系进行大致描述：

$$\frac{\mathrm{d}(\ln D)}{\mathrm{d}t}=\mu \tag{1-1}$$

式中 D——絮体的粒径；

t——时间；

μ——曲线斜率。

μ 虽然表现为随时间变化，但实际可能只是絮体粒度、絮体浓度、絮体结构和搅拌强度的函数。上式可改写为以 μ 为速率常数的一级反应的表达式：

$$\frac{\mathrm{d}D}{\mathrm{d}t}=\mu D \tag{1-2}$$

上述微分方程的一般解为

$$D=D_0 e^{\mu t} \tag{1-3}$$

D_0 为 $t=0$ 时的 D 值。

式（1-3）是按 μ 为常值时得出的，此时 $\ln D$ 对 t 的值应成一条直线，斜率为 μ。当 $\ln D$ 对 t 的图不是一条直线，但把它大致分解成几条折线时，对每条折线可仿照式（1-3）得出下列表达式：

$$D=D_\alpha e^{\mu_\alpha(t-t_\alpha)} \tag{1-4}$$

式中，下标 α 为每段折线的起点顺序编号。当分成 3 段折线时，α 分别为 0、1 和 2，相当于这 3 个起点的粒径 D_α 为 D_0、D_1 和 D_2，3 段折线的斜率 μ_α 分别为 μ_0、μ_1 和 μ_2 3 个常值，3 段折线的时间范围分别为 $t_0 \sim t_1$、$t_1 \sim t_2$ 和大于 t_2。

从式（1-4）可知，当第一段折线的时间 $t-t_0=0$ 时，$D=D_0$，为原始颗粒的粒度，因而最小，但在 $t_0 \sim t_1$ 时间内，颗粒长大最快，因而 μ_0 值最大，当 $t=t_{max}$，D_α 达极限值 D_{max} 时，这最后一段折线的斜率 μ_α 应为 0。

3. 絮体的粒度分布和结构

混凝过程中产生了各种大小的絮体。这些絮体颗粒一般不呈球形。在最优混凝剂剂量的条件下，大颗粒呈不规则形状，内部有不连续构造；当剂量小于或大于最优剂量时，一般颗粒小一些，但呈球状或扁球状。最优混凝剂剂量指产生总的絮体沉淀速度最快或水质最清的剂量。

对不规则形状的絮体，可采用不同的方法来求它们的计算粒径。对于絮体悬浮体，则需计算它的平均粒径。平均粒径有三种计算法，分别按颗粒的数目、颗粒的表面积和颗粒的体积计算，相应得出颗粒的平均直径、面积平均直径和体积平均直径。最优剂量与非最优剂量的效果相比，具有下列特点：①水中悬浮颗粒物数量少；②3 种平均粒径都达最大值；③颗粒大小接近正态分布；④沉淀水中的小颗粒数（粒径$<70\mu m$）最小，浊度也最小。

絮体悬浮液的絮体平均直径 d 和与之平衡的搅拌速度梯度G 之间存在下列关系：

$$d=\beta G^{-\gamma} \tag{1-5}$$

式中，β 和 γ 为常数。在双对数坐标轴上，d 与G 之间呈直线关系，γ 为直线的斜率。直线表示出在平衡条件下的平均粒度 d 与它所能承受的剪力大小间的关系，因而是絮体强度的一个度量。絮体强度取决于它的大小和结构已被公认。

目前认为絮体的结构有原颗粒、原絮粒、絮体和聚集絮体四个层次。由原颗粒构成原絮粒，由原絮粒构成絮体，由絮体构成聚集絮体。原颗粒是水中在絮凝开始时原有的颗粒，一般是浊度的颗粒。原絮粒由少数原颗粒构成，能承受过程中的最大剪力，是较密实的结构，是絮体的基本结构单元。聚集絮体则为絮体的松散结合体。

絮体结构的特点也可以从絮体的密度和破碎机理得到反映。

絮体在水中的密度可表示为：

$$\rho_s-\rho=kA^{-a} \tag{1-6}$$

式中　ρ_s——絮体密度；

ρ——水的密度；

A——絮体的投影面积；

k——常数；

a——常数。

式中，k 和 a 的大小取决于颗粒的性质，粒度、浓度，混凝剂种类、剂量以及水质成分，但与絮凝搅拌的速度梯度无关。由式（1-6）可知 $\rho_s-\rho$ 与A 在双对数坐标轴上呈直线关系，由直线的斜率和截距可求出 a 及 k 值。硫酸铁在无浊度微粒的水中所作的絮凝试验数据说明，粒度越小的絮体，密度越大；大于或小于 $1.5mm^2$ 的絮体，可能是相应于上述聚集絮体的松散结构，因而密度较小。

在混凝过程中由浊度颗粒参加构成的絮体，原颗粒为浊度颗粒，比起单由混凝剂所产生的絮体来，由于浊度颗粒比混凝剂絮体的原颗粒大几个数量级，两类絮体的结构必然不同。由浊度颗粒所产生的絮体，含有大颗粒，使絮体中的含水量相对减小，因而具有较大的密度，如表 1-1 的实测资料所示。

絮体的破碎是有关絮体结构的另一重要问题。絮体的破碎有两种机理，一个是裂碎，另一个是表面侵蚀。裂碎指整个絮体分裂成碎块。表面侵蚀指从絮体表面剥落一些小颗粒下来。当絮体粒度大于惯性对流的紊流微尺度时，絮体将被破裂为大碎片。当絮体受黏滞力的作用时，则起侵蚀作用。絮体破碎的这两种不同的机理可从式（1-5）中的 γ 值反映出来，当 γ 为 0.3～0.5 时，属于裂碎，当 γ 为 0.7～1.5 时，则属于表面侵蚀。

加硫酸铁所产生的絮体密度 表 1-1

高岭土含量(mg/L)	絮体的平均密度(g/mL)	高岭土含量(mg/L)	絮体的平均密度(g/mL)
0	1.0027	60	1.0162
20	1.0056	80	1.0225
40	1.0100	—	—

注：硫酸铁剂量为 17.8mg/L 铁。

4. 泥丸絮体

由泥丸絮凝过程所产生的絮体称为泥丸絮体（pelleted floc），泥丸絮凝是在浮渣层中产生的一种特殊现象。它与浮渣层中的一般接触絮凝过程有两点不同：一是在进入浮渣层的原水中加硫酸铝等无机混凝剂之后的适当时间须加一种聚合物；二是在浮渣层内利用机械搅拌使絮体不断受到不均力的作用。第二点是最关键的，它使絮体不断受到挤压，排出其中的水分，泥丸絮体因之成为洋葱式的多层构造，其粒度可达约 5mm，密度可达约 1.03g/cm^3。利用泥丸絮体的这一特点，可以设计出效率极高的悬浮固体分离装置。

1.3 絮凝动力学

脱稳的胶体颗粒必须和其他的胶体颗粒接触才能发生絮凝，研究水中胶体在絮凝过程中的颗粒浓度随时间的减少过程称为絮凝动力学。按这个定义，絮凝动力学的研究范围虽然可以包括许多不同的絮凝过程，但一般絮凝动力学研究的只是憎水胶体经电解质脱稳后的容积絮凝过程，这包括异向絮凝（perikinetic flocculation）和同向絮凝（orthokinetic flocculation），两种絮凝具有完全不同的速率表达式。除此之外，有的学者认为还存在差降絮凝（differential flocculation）。

1.3.1 异向絮凝

异向絮凝指胶体的相互碰撞是由于布朗运动引起的。因此，异向絮凝也称布朗絮凝。由于布朗运动方向的不规律性，对某一个胶体颗粒来说，它可能同时受到来自各个方向的颗粒的碰撞，这就是称为“异向”的原因。

胶体颗粒由于布朗运动相碰撞而絮凝的现象（这里指颗粒已处于脱稳状态，所以相碰后可粘在一起）在胶体化学中称为异向絮凝。单一分散的颗粒浓度 n（每立方厘米中颗粒的个数），由于布朗运动相碰撞而减少的速率可以表示为 n 的二级反应：

$$-\frac{dn}{dt}=k_p n^2 \tag{1-7}$$

式中，k_p 为速率常数，其大小是由胶体的布朗运动性质决定的。Marian Von Smoluchowski 得出

$$k_p=8\alpha_p D_b \pi a \tag{1-8}$$

式中　a——颗粒半径；

α_p——颗粒间粘附效率因数。

颗粒间粘附效率因数为颗粒碰撞中产生永久粘聚在一起的分数，$\alpha_p=1$ 表示颗粒相碰后即附着，$\alpha_p=0$ 表示相碰后仍然分开，当$\alpha_p=1$ 时两个颗粒相碰后即变成一个颗粒，因此，在单位体积中所发生的两个颗粒相碰的次数即为颗粒数减少的次数，这就是式（1-7）成立的原因；D_b 为颗粒间的扩散系数，它可表示为

$$D_b=\frac{kT}{6\pi\mu a} \tag{1-9}$$

式中　μ——水的黏度；

k——Boltzmann 常数；

T——绝对温度。

上式即为 Einstein-Stokes 公式。由式（1-7）～式（1-9）得

$$-\frac{dn}{dt}=\frac{4\alpha_p kT}{3\mu}n^2 \tag{1-10}$$

通过积分得下列公式：

$$\frac{1}{n}-\frac{1}{n_0}=\frac{4\alpha_p kT}{3\mu}t \tag{1-11}$$

式中　n_0——当 $t=0$ 时颗粒的初始浓度（个/mL）；

n——时刻 t 的颗粒浓度。

以 $n=n_0/2$ 带入式（1-11）得半衰期为

$$t_{1/2}=\frac{3\mu}{4\alpha_p kTn_0} \tag{1-12}$$

以 $T=293$ K，$k=1.38\times10^{-23}$ J/K，和 $\mu=1.0\times10^{3}$ N・s/m^2 值代入式（1-12）得

$$t_{1/2}=\frac{2\times10^{11}}{n_0} \tag{1-13}$$

式中，n_0 为水中初始颗粒浓度，以个/cm^3 计，假定$n_0=10^6$ 个/cm^3，计算得 $t_{1/2}$约为 2.0×10^5，即约 2.3 天。该计算表明，靠布朗运动来进行絮凝过程是不现实的。

式（1-11）中$\alpha_p=1$ 时的絮凝称为快絮凝，说明每发生两个颗粒相碰一次，就会出现一个由两个颗粒连在一起的二合粒子，每毫升中原有的单个粒子数 n_0 就会少一个。$\alpha_p=1$ 说明胶体颗粒间的能垒完全消失，这是一种完全理想的情况。实际上胶体间的能垒并未

能完全消失，α_p值一般在0.0035～0.65之间。由于胶体间残余的能垒所产生的阻力，使颗粒浓度减少的速率大大减慢，这种絮凝称为慢絮凝。

由异向絮凝的微分速率公式：

$$k_p=\frac{4kT}{3\mu}\alpha_p \tag{1-14}$$

可见，速率常数包括两项，即反映颗粒传递项$\frac{4kT}{3\mu}$和颗粒粘附项α_p。前者可定义为传递速率常数k_D，即

$$k_D=\frac{4kT}{3\mu} \tag{1-15}$$

这里颗粒碰撞是由于颗粒布朗运动引起的，因而k_D也称扩散传递速率常数。因此，颗粒絮凝可认为是由颗粒传递和接着发生的相互粘附实现的。颗粒粘附决定于颗粒稳定性，即脱稳后的凝聚作用。事实上，α_p可由下式表达：

$$\alpha_p^{-1}=2\int_2^{\infty}\frac{\exp(V_T/kT)}{S^2} \tag{1-16}$$

式中，$S=H+2$，而$H=h/a$，h为颗粒表面间的距离。V_T为胶体化学作用势能，是静电双电层作用势能V_{DL}和范德华引力势能V_{L0}的代数和。当表面ξ电势足够高时，式（1-16）可近似表示为

$$\alpha_p\approx 2ka\exp(-V_m/kT) \tag{1-17}$$

该式表明，粘附效率因数α_p与排斥能峰V_m及扩散双电层厚度k^{-1}有关。压缩双电层和降低ξ电势从而降低排斥能峰可使α_p值提高。

1.3.2 同向絮凝

式（1-11）实际只能用于絮凝开始不久，即絮凝只发生在1mL中原始的n_0个颗粒间的相互碰撞情况。当水中出现i个原始粒子结成的i级颗粒（$i>2$）时，就要相应地考虑各种颗粒间的相碰可能，并建立相应的表达式。但是，异向絮凝的过程极为缓慢，例如$n_0=5\times10^8$个/mL的高岭土悬浮液，经600s后，颗粒浓度才降为1.75×10^8个/mL，在$t=2340$s时，浓度尚有1.15×10^8个/mL。另一方面，随着颗粒因絮凝过程的逐渐长大，布朗运动也就逐渐消失，异向絮凝也就自然停止。因此，研究i级颗粒的问题就显得不必要了。颗粒的继续长大必须靠同向絮凝过程。

当在同一方向上运动的两个颗粒间存在速度差，两个颗粒在垂直运动方向上的球心距离小于它们的半径之和时，速度快的颗粒将赶上速度慢的颗粒，从而相碰接触产生絮凝现象。由于必须在同一方向上接触相碰，因此称同向絮凝。发生同向絮凝的条件也就是颗粒间的运动必须存在速度梯度。但众多学者及本文作者均认为速度梯度并非是必需的，如惯性絮凝过程不一定需要速度梯度，这将在

后续章节中论述。速度梯度是由于水的剪切流形成的，因此同向絮凝也称为剪切絮凝（shear flocculation）。给水处理中的絮凝池即为体现同向絮凝的设备。下面先推导水中的两种颗粒，由于受到搅拌而在每秒内相碰 J_{ij} 次的公式，参见图 1-5。

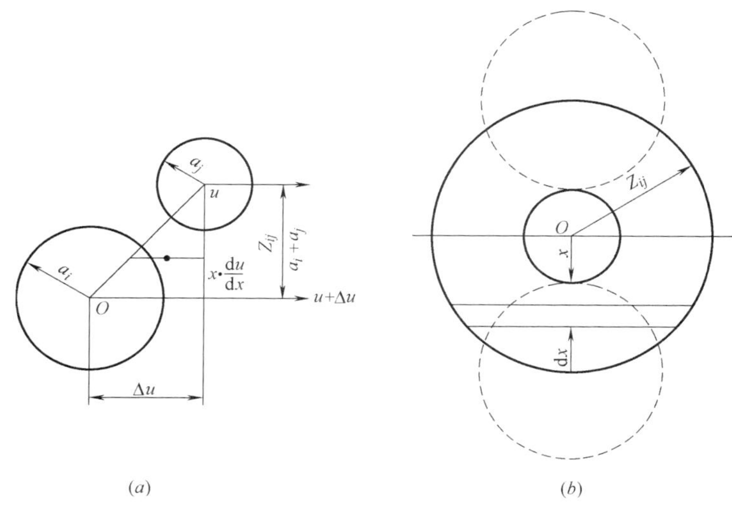

图 1-5　球形颗粒的接触与碰撞

图 1-5（a）表示水中两个相邻颗粒，半径分别为 a_i 和 a_j，由于受到搅拌作用而在某一时刻朝同一方向运动的情况。两个颗粒间在垂直于运动方向的距离恰好为 $a_i + a_j = z_{ij}$，运动速度分别为 u 和 $u+\Delta u$，即在两个颗粒间存在一个速度梯度。

$$\frac{du}{dz}=\frac{\Delta u}{z_{ij}} \tag{1-18}$$

速度梯度 du/dz 的单位为 s^{-1}。从图 1-5（a）可以看出，颗粒 a_j 比 a_i 每秒钟快一个 Δu 距离，它在 1s 后必然赶上 a_i 颗粒而与之相碰。这也说明，水中颗粒相碰的必要条件是，必须存在一个速度梯度。

图 1-5（b）表示一个以 a_i 球为中心，$a_i + a_j$ 为半径的圆柱体断面，即垂直于运动方向，通过图 1-5（a）的 x 轴的剖视图。这个图说明，凡是半径为 a_j 的球，如果球心在这个圆柱范围以内，必然要与 a_i 球相碰。先假定 a_i 球不动，计算通过这圆柱断面积的流量得

$$q = 2\int_0^{z_{ij}} x\frac{du}{dz}[2(z_{ij}-x^2)^{1/2}]dx = \frac{4}{3}(z_{ij})^3\frac{du}{dz} \tag{1-19}$$

如果 a_j 颗粒在水中的浓度为 n_j 个/cm³，那么，在流量 q 中共有 $\frac{4}{3}(z_{ij})^3\frac{du}{dz}$ 个 a_j 颗粒，也就是说，一个 a_i 颗粒每秒钟与 a_j 颗粒相碰的次数应为 $\frac{4}{3}(z_{ij})^3\frac{du}{dz}$。如果 a_i 颗粒在水中的浓度为 n_i 个/cm³，

那么，每秒钟 a_i 颗粒与 a_j 颗粒相碰的次数 J_{ij} 应为

$$J_{ij}=\frac{4}{3}n_i n_j(z_{ij})^3\frac{\mathrm{d}u}{\mathrm{d}z} \tag{1-20}$$

上式主要表明，每秒钟每立方厘米水中两种颗粒相碰的次数与搅拌所产生的速度梯度成正比。

当 a_i 与 a_j 指同一种颗粒时 n_i 与 n_j 应该相等，z_{ij} 应为颗粒的直径，J_{ij} 代表它们每秒相碰的次数，可用 n、z 及 J 分别表示。同样，假定一部分颗粒相碰后永远粘结在一起，以 α_0 代表这部分粘结在一起次数在相碰总次数中所占的分数，就可得颗粒数因相碰而减少的速率 $\mathrm{d}n/\mathrm{d}t$ 为

$$-\frac{\mathrm{d}n}{\mathrm{d}t}=J=\alpha_0\ \frac{4}{3}n^2z^3\ \frac{\mathrm{d}u}{\mathrm{d}z} \tag{1-21}$$

上式说明颗粒数目减少的速率是颗粒数 n 的二级反应。同向絮凝速率常数 k_v 为：

$$k_\mathrm{v}=\frac{4}{3}z^3\ \frac{\mathrm{d}u}{\mathrm{d}z}\alpha_0 \tag{1-22}$$

k_v 也包括两部分，在速度梯度作用下的颗粒传递项和颗粒粘附项。前者定义为速度梯度引起的颗粒传递速率常数 k_1，即

$$k_1=\frac{4}{3}\frac{\mathrm{d}u}{\mathrm{d}z}z^3 \tag{1-23}$$

对于相同颗粒而言，z 即为颗粒之间的距离 d。故式（1-21）可写为：

$$-\frac{\mathrm{d}n}{\mathrm{d}t}=\alpha_0\ \frac{4}{3}n^2d^3\ \frac{\mathrm{d}u}{\mathrm{d}z}=\alpha_0\ \frac{8}{\pi}\left[n\cdot\left(\frac{\pi d^3}{6}\right)\right]\cdot\frac{\mathrm{d}u}{\mathrm{d}z}n \tag{1-24}$$

上式方括号内的项表示在时刻 $t=0$ 时，n 个直径为 d 的颗粒的总体积，令为常数 ϕ，则式（1-24）改写为

$$-\frac{\mathrm{d}n}{\mathrm{d}t}=\alpha_0\ \frac{8}{\pi}\phi\frac{\mathrm{d}u}{\mathrm{d}z}n \tag{1-25}$$

积分式（1-25）得

$$n=n_0\exp\left(-\alpha_0\ \frac{8}{\pi}\phi\frac{\mathrm{d}u}{\mathrm{d}z}t\right) \tag{1-26}$$

式中，n_0 为 $t=0$ 时的颗粒数。n 个颗粒的半衰期为

$$t_{1/2}=\frac{0.693}{\alpha_0\ \frac{8}{\pi}\phi\frac{\mathrm{d}u}{\mathrm{d}z}} \tag{1-27}$$

上式给出了下列重要概念：①加大搅拌所产生的速度梯度 $\mathrm{d}u/\mathrm{d}z$，可以缩短 $t_{1/2}$。但是由于实际上能够采用的 $\mathrm{d}u/\mathrm{d}z$ 值范围有限，它所起的作用并不太大，数量级可能在 10 倍以下，可参看下面的讨论。②同样数目的大颗粒与小颗粒相比，其 $t_{1/2}$ 相差的数量级为 $(d_{大}/d_{小})^3$，这从式（1-27）中的 ϕ 因子直接得出。因此，直径为 $10\mu\mathrm{m}$ 的颗粒，其半衰期只有 $1\mu\mathrm{m}$ 直径颗粒的 1/1000，而直径

21μm 的颗粒，其颗粒数减半的时间比 1μm 直径颗粒约快 10^4 倍。这又说明，在搅拌的过程中，随着颗粒的不断长大，$t_{1/2}$ 也就迅速缩短；另外，还可推知，如果在搅拌开始，就有较大的颗粒存在，那么，总的颗粒数下降速度必然会很快。

下面推导速度梯度 du/dz 的计算公式。

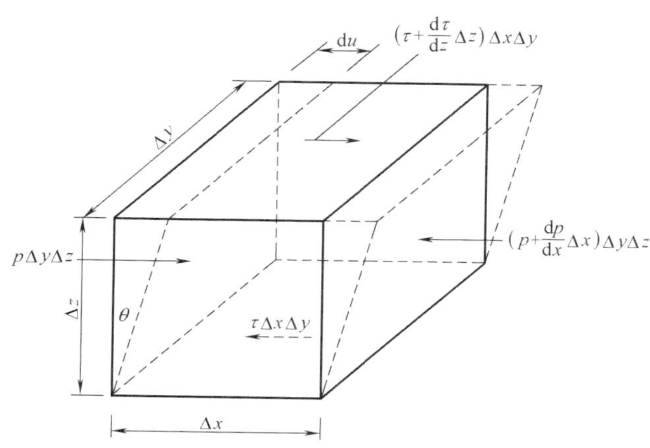

图 1-6　du/dz 的推导

如图 1-6 所示，在受搅拌的水中取出一微团来分析它在 x 方向的受力情况。由于剪应力的作用，在 x 方向产生切应变 θ。x 方向即相当于图 1-5 中水的运动方向。这一微团在 z 方向存在一个速度梯度 du/dz，同样也与图 1-5 一致。由于 θ 值很小，切应变 θ=速度梯度 du/dz。图中 p 及 τ 分别表示微团在 x 方向所受的压力及切应力。如果写 x 方向的力的平衡关系则得

$$p\cdot\Delta y\cdot\Delta z+\left(\tau+\frac{d\tau}{dz}\Delta z\right)\Delta x\cdot\Delta y=\tau\cdot\Delta x\cdot\Delta y+\left(p+\frac{dp}{dx}\Delta x\right)\Delta y\cdot\Delta z \tag{1-28}$$

上式简化后得

$$\frac{d\tau}{dz}=\frac{dp}{dx} \tag{1-29}$$

力矩（$\tau\Delta x\cdot\Delta y$）$\Delta z$，每秒所做的功为

$$P'_L=[(\tau\Delta x\Delta y)\Delta z]\theta=(\tau\Delta x\Delta y)\Delta z\frac{du}{dz} \tag{1-30}$$

式中，du 为微团受切应力所产生的变形速度；du/dz 为角速度，$du/dz=\lim\limits_{\Delta z\to 0}=(\Delta u/\Delta z)$。

由式（1-30）得对单位容积的水所做功率为

$$\frac{P'_L}{\Delta x\Delta y\Delta z}=\tau\frac{du}{dz}=\left(\mu\frac{du}{dz}\right)\frac{du}{dz}=\left(\mu\frac{du}{dz}\right)^2 \tag{1-31}$$

式中，按黏度 μ 的定义代入 τ 的公式。

由式（1-31）得

$$\frac{\mathrm{d}u}{\mathrm{d}z}=\left(\frac{P'_{\mathrm{L}}}{\Delta V \cdot \mu}\right)^{\frac{1}{2}} \tag{1-32}$$

式中，ΔV 代表微团体积 $\Delta x\Delta y\Delta z$。对于整个反应器的体积 V 来说，可写成

$$\frac{\mathrm{d}u}{\mathrm{d}z}=\left(\frac{P_{\mathrm{L}}}{\Delta V \cdot \mu}\right)^{\frac{1}{2}} \tag{1-33}$$

式中，$\frac{\mathrm{d}u}{\mathrm{d}z}$及 P_{L}分别代表反应器中的平均速度梯度及所施加的搅拌功率。$\frac{\mathrm{d}u}{\mathrm{d}z}$一般用$G$ 表示。式（1-33）为 Camp 和 Stein 于 1943 年发表的，以后即成为混凝理论中的一个最基本公式，已得到广泛应用。但在推导式（1-33）的过程中，是按层流考虑的，而这个公式则经常应用于紊流的情况，因此近年来已有人提出异议，这将在后文中讨论。

当反应器中利用机械设备进行搅拌以产生速度梯度 G 时，搅拌功率 P_{L}可按有关机械搅拌所需功率的理论来计算。当利用水流的紊动作用进行搅拌时，P_{L}可用下列公式计算：

$$P_{\mathrm{L}}=9.8\times10000\times\text{流量}(\mathrm{m^3/s})\times\text{水头损失}(\mathrm{m}) \tag{1-34}$$

式中，P_{L}的单位为 N · m/s，由此可知公式（1-33）中相应的 μ 的单位也为 N · m/s。

由式（1-36）可得出

$$G=\frac{\ln\frac{n_0}{n}}{\alpha_0\ \frac{8}{\pi}\phi t_n} \tag{1-35}$$

式中，t_n表示从初始颗粒数 n_0个减少到 n 个所需的时间。由于 ϕ 是一个常数，从上式可知，当 G 值定了，在时间 t_n给定后，颗粒数 n 也定了，因而颗粒的粒度大小也就定了。如仅就式（1-35）而论，G 值越大，n 值必然越小，说明为了得到大的颗粒，G 值应该高于某一低限；但 G 值太大了，就会产生破碎大颗粒絮体的切应力，也是不适宜的，说明必然还有一个 G 的高限。另外，如果把式（1-35）中的时间 t_n用 T 表示，并与 G 相乘则得一个无量纲数 GT 数：

$$GT=\frac{\ln n_0/n}{\alpha_0(8/\pi)\phi} \tag{1-36}$$

这样，GT 数就直接反映了在时间 T 时的颗粒数 n 的值，它实际上也反映了颗粒的大小，所以也应该是有高低限的。根据实际给水处理反应池的资料统计，G 值一般在 $20\sim70\mathrm{s}^{-1}$之间，GT 数在 $10^4\sim10^5$之间，文献中的最大 G 值范围为 10～100。这就证明了上述分析的结果。对于混合设备来说，推荐的数据为：混合时间小于

2min 时，可用 $G=500\sim1000\text{s}^{-1}$；混合时间达 5min 时，$G<500\sim1000\text{s}^{-1}$；$G>100000\text{s}^{-1}$时，产生有害影响。

1.3.3 差降絮凝

对于两种不同尺寸的颗粒之间的絮凝，除同向、异向絮凝之外，还存在着所谓差降絮凝。即大的颗粒以较快速度下降过程中，能赶上沉降速度较小颗粒，因而发生碰撞，产生絮凝现象。

颗粒 a_i 与颗粒 a_j 的差降絮凝可分析如下。设 $a_j>a_i$，它们的 Stokes 沉降分别为 v_j 和 v_i，颗粒数浓度分别为 n_j 和 n_i。仍见图 1-5 (b)，以颗粒 a_i 为参考，颗粒 a_j 在半径为 z_{ij} （$z_{ij}=a_i+a_j$）的圆柱体内的颗粒流量 J_j 可表示为

$$J_j=\pi z_{ij}^2(v_j-v_i)n_j \tag{1-37}$$

由于有 n_i 个颗粒 a_i，故颗粒总量为

$$J=\pi z_{ij}^2(v_j-v_i)n_in_j \tag{1-38}$$

将 Stokes 公式代入上式，可得颗粒因差降碰撞凝聚而减少的速率为

$$-\frac{\mathrm{d}n}{\mathrm{d}t}=\frac{2\pi g}{9\mu}(\rho_\mathrm{p}-\rho_\mathrm{l})(a_i+a_j)^3(a_j-a_i)a_\mathrm{s}n_in_j \tag{1-39}$$

式中　ρ_p——颗粒密度；

ρ_l——水的密度；

a_s——粘附效率因数；

g——重力加速度。

差降絮凝过程中由于颗粒 Stokes 沉降速度不同引起的颗粒传递速率常数 k_s 表示为

$$k_\mathrm{s}=\frac{2\pi g}{9\mu}(\rho_\mathrm{p}-\rho_\mathrm{l})(a_i+a_j)^3(a_j-a_i) \tag{1-40}$$

对于两种不同尺寸的颗粒间的絮凝，扩散传递和梯度传递的速率常数可表示为

$$k_\mathrm{D}=\frac{2KT}{3\mu}(a_i+a_j)^3\left(\frac{1}{a_j}+\frac{1}{a_i}\right) \tag{1-41}$$

$$k_1=\frac{4}{3}G(a_i+a_j)^3 \tag{1-42}$$

总结前面的讨论可以得出，传递速率应为扩散、梯度和差降传递速率的叠加，因而有速率常数的叠加

$$k_\mathrm{m}=k_\mathrm{D}+k_1+k_\mathrm{s} \tag{1-43}$$

定义一个一般的粘附效率因数 α，则总的絮凝速率常数可表示为

$$k_\mathrm{T}=k_\mathrm{m}\alpha \tag{1-44}$$

絮凝速率的一般表示式为

$$-\frac{dn}{dt}=k_T n_i n_j \tag{1-45}$$

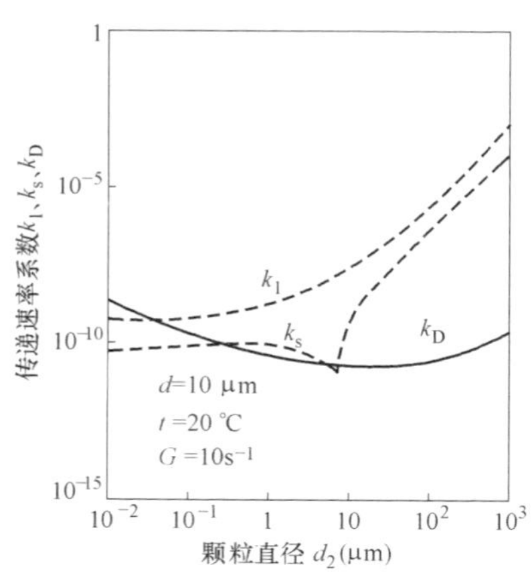

图 1-7　絮凝常数的理论计算曲线

图 1-7 给出，当 $\alpha=1$ 时总的速率常数 $k_T=k_m$ 的理论计算曲线。计算条件为：$G=10s^{-1}$，水温 20℃，颗粒密度 $\rho_P=1.02g/cm^3$；两种颗粒直径中的 $d_1=10\mu m$，d_2 为 $0.01\sim1000\mu m$。这大致反映了絮凝池中的处理工况。图 1-7所示的计算结果表明：

（1）扩散传递作用只有在颗粒很小，即 $d_2<0.01\mu m$ 时，才变得重要。颗粒直径越小，扩散传递速率越大。

（2）对于大颗粒，速度以梯度传递和差降传递作用为主，而且颗粒直径越大，这些作用越显著。

（3）存在一个特定的颗粒直径使传递速率最小。对于上述计算实例，这一特定颗粒直径大约在 $0.1\sim1\mu m$ 之间。

1.3.4　接触絮凝

接触絮凝被认为是较大的成熟絮凝体将进水中微小絮凝体吸附在其表面的方法。为方便起见，把前者称为“成熟絮凝体”，把后者称为“微絮凝体”。在固体接触澄清池中，这一过程观察得很典型；而在回流混合的普通絮凝池中，可部分地观察到。

在固体接触澄清池中，高浓度成熟絮凝体在湍流区域内循环或在上向流水流中处于悬浮状态。因而，成熟絮凝体与进水中微絮凝体发生碰撞并凝聚。通过两种粒径相差悬殊的絮凝体之间的碰撞，产生类似絮凝的吸附。

1. 湍流搅拌下的接触絮凝方程式

成熟絮凝体的粒径分布一般要达到最终平衡状态。絮凝体粒径大约分布在下述两种尺寸范围内：在搅拌强度下可达到的最大絮凝体直径以及最大直径的一半。实用上，固体接触澄清池的湍流絮凝槽中，最大絮凝体直径通常约是 0.3～0.5mm。而入流微絮凝体直径约在 $5\sim20\mu m$ 范围内。接触絮凝就是在两种直径相差极大的絮凝体之间发生的絮凝。

单位时间、单位体积成熟絮凝体与微絮凝体之间的碰撞次数 F 可由方程式（1-46）表示。

$$F=\frac{12}{\sqrt{15}}\pi\sqrt{\frac{\varepsilon_0}{\mu}}\left(\frac{D}{2}+\frac{d}{2}\right)^3 Nn \tag{1-46}$$

式中 ε_0——平均有效湍流能耗率［10^{-1}J/(m^3·s)］；

μ——绝对黏滞度［g/(cm·s)］；

D——成熟絮凝体的平均直径（cm）；

d——微絮凝体的平均直径（cm）；

N——单位体积成熟絮凝体数目（1/cm^3）；

n——表示单位体积微絮凝体数目（1/cm^3）。

使用下列条件，可由方程式（1-46）推导出描述接触絮凝过程的程式（1-47）。其条件是：（a）成熟絮凝体处于最终平衡粒径分布，因此，成熟絮凝体间的碰撞对絮凝是无效的。（b）微絮凝体之间碰撞的碰撞直径为 d。这一碰撞直径 d 比成熟絮凝体与微絮凝体之间的碰撞直径 $(D+d)/2$ 要小得多。因此，就接触絮凝的作用而言，微絮凝体之间的碰撞与成熟絮凝体和微絮凝体之间的碰撞相比可以忽略。（c）由于成熟絮凝体与微絮凝体的直径相差悬殊，够保持，则絮凝体体积絮凝时间增加的相对速度很小。因此，用适当的调整方法（即排放），这些絮凝体之间的碰撞直径可写为$(D+d)/2\approx D/2$。（d）由于 $D\gg d$ 和 $DN^3\gg dn^3$ 的条件通常能保持，一般可以保持絮凝体体积恒定。由此可以假定 $V_f\sim DN^3\approx$常数。（e）成熟絮凝体与微絮凝体之间的 F 次碰撞中，对絮凝有效的为 PF 次。

$$\frac{\mathrm{d}n}{\mathrm{d}t}\approx\frac{3\pi}{2\sqrt{15}}P\sqrt{\frac{\varepsilon_0}{\mu}}ND^3n\approx\frac{9}{\sqrt{15}}P\sqrt{\frac{\varepsilon_0}{\mu}}V_f n \tag{1-47}$$

式中 V_f——成熟絮凝体的体积浓度，视絮凝体为球形时 $V_f=\pi DN^3/6$；

t——絮凝时间（s）；

P——成熟絮凝体与微絮凝体之间的平均碰撞凝聚系数。

由方程式（1-47）可知，接触絮凝与 n 成一级反应关系。速率常数与$\sqrt{\frac{\varepsilon_0}{\mu}}V_f$ 成正比。这意味着接触絮凝的进程也由速率梯度 G、絮凝体体积浓度 C 和絮凝停留时间 T 值来确定。

与 n 所呈的一级絮凝函数可改写为方程式（1-48）和方程式（1-49）。

$$\frac{\mathrm{d}n}{\mathrm{d}t}=-K_{C1}n \tag{1-48}$$

$$K_{C1}=\frac{9}{\sqrt{15}}P\sqrt{\frac{\varepsilon_0}{\mu}}V_f \tag{1-49}$$

式中，K_{C1}表示湍流条件下的接触絮凝速率常数。

在 $t=t_0$ 及 $n=n_0$ 的条件下，对上式积分，得到方程式（1-50）。

$$\frac{n}{n_0}=\exp\left(-\frac{9}{\sqrt{15}}PV_{\mathrm{f}}t\right)=\exp(-K_{\mathrm{C1}}t) \tag{1-50}$$

已完成絮凝的微絮凝体的比例可表示为方程式（1-51）。

$$r=1-\frac{n}{n_0}=1-\exp(-K_{\mathrm{C1}}t) \tag{1-51}$$

式中　n_0——起始状态（$t=0$）时单位体积微絮凝体的数目（$1/\mathrm{cm}^3$）；

r——时间为 t 时已完成絮凝的微絮凝体的比例。

单位体积微絮凝体的数目与微絮凝体悬浮液浊度 T^* 成正比，则存在如下关系式$\frac{n}{n_0}=\frac{T^*}{T_0^*}$是成立的。因此，方程式（1-51）可改写为方程式（1-52）和方程式（1-53）。

$$\log_{10}(T^*/T_0^*)=-K_{\mathrm{C1}}t \tag{1-52}$$

$$K'_{\mathrm{C1}}=K_{\mathrm{C1}}\log_{10}e=\frac{9}{\sqrt{15}}\log_{10}e\cdot\sqrt{\frac{\varepsilon_0}{\mu}}\cdot V_{\mathrm{f}} \tag{1-53}$$

式中，T^* 表示微絮凝体悬浮液的浊度；T_0^* 是在 $t=0$ 时微絮凝体悬浮液的浊度。

2. 絮凝体悬浮层中的接触絮凝

在上向流澄清池的絮凝体悬浮层中，微絮凝体从底部进入悬浮层，与悬浮的成熟絮凝体接触和凝聚，这是区别于湍流絮凝的另一种絮凝形式。

进入的微絮凝体在通过悬浮层时，因接触絮凝而数目减少，其减少率可用方程式（1-54）表示。该方程式有以下假设条件：①具有平均直径为 D 的成熟絮凝体在上升流速 v_{s} 下处于静止悬浮状态。②直径为 d 的微絮凝体以上升流速 v_{s} 向上运动而无滑漏。③具有直径为 D 和 d 的两种絮凝体颗粒在相对行进速度 v_{s} 之下发生碰撞，碰撞直径为 $\beta(D+d)$。β 表示这些颗粒的碰撞效率。④对絮凝而言，微絮凝体之间的碰撞是可以忽略的，成熟絮凝体之间的碰撞是无效的。⑤考虑碰撞凝聚系数 α。

$$\frac{\mathrm{d}n}{\mathrm{d}t}=-\frac{\pi}{4}qv_{\mathrm{s}}(D+d)^2N\cdot n=-\frac{\pi}{2}qv_{\mathrm{s}}D^2N, D\gg d \tag{1-54}$$

式中　n——上向流中单位体积内微絮凝体数目（$1/\mathrm{cm}^3$）；

t——接触时间；

D——絮凝体悬浮层中成熟絮凝体的直径（cm）；

N——单位体积中成熟絮凝体的数目（$1/\mathrm{cm}^3$）；

q——絮凝系数，$q=\alpha\beta$。

方程式（1-54）与坎普（1945 年）的絮凝沉淀方程式是同种形式。

方程式（1-54）可以改写为方程式（1-55）和方程式（1-56），以表示微絮凝体从悬浮层底部向上流动，其数量随流经距离而下降的情况。

$$\frac{dn}{dZ}=-\frac{\pi}{4}qD^2N\cdot n=-\frac{3}{2}q\frac{V_f}{D}n=-K_{C2}n \qquad (1\text{-}55)$$

$$K_{C2}=\frac{\pi}{4}qD^2N=\frac{3}{2}q\frac{V_f}{D} \qquad (1\text{-}56)$$

式中　Z——从悬浮层底部向上的距离（cm），$dZ=v_s dt$；

V_f——絮凝体悬浮层中絮凝体的体积浓度。

1.4　典型絮凝池工艺原理

絮凝效果的好坏主要受原水水质特性、投加的絮凝剂或助凝剂品种与剂量以及混合条件、絮凝水力条件影响，其中，水力条件主要由絮凝池池型结构决定。随着水源水质的变化和对絮凝理论研究的进一步深入，我国絮凝池形式的发展也经历了由简单到复杂、絮凝池评价指标应用和研究逐步深化完善的过程。

给水处理中絮凝一般分为水力絮凝（如搅拌絮凝池、折板絮凝池和网格絮凝池等）和接触絮凝（如脉冲澄清池、机械搅拌澄清池、高密度澄清池等）两大类，国内水厂常用前者，即通过投加混凝剂电解质，利用双电层压缩、吸附—电性中和等作用使微观颗粒碰撞增大失去布朗运动，继续受适当水力搅拌作用，依靠吸附架桥、沉淀物卷扫作用成长为宏观尺寸的絮凝体。按是否外加作用促成水流紊动，加强脱稳胶体相互碰撞的填料不同，水力絮凝又可分成更多类型，按照絮凝理论和认识的发展，我国水力絮凝池发展大致经历了如下三个阶段。

1. 初期发展阶段

20 世纪 60 年代以前，在百废待兴、经济比较困难的条件下，国内仅在大中城市和新兴工业基地陆续新建水厂，城市供水水源优先选择地下水。当时国内的净水技术比较落后，投药混合工艺未得到重视，大都采用往复隔板反应、涡流反应、旋流反应、孔室旋流反应。

2. 探索发展阶段

以回转隔板反应、机械反应等絮凝池为代表，是 20 世纪 60～80 年代国内净水技术发展活跃时期的产物。以往上述形式的絮凝池都或多或少地缩短了絮凝时间、减少了水头损失、降低了药耗，对当时原水水质的处理起到了很大的改善作用。

3. 革新发展阶段

以当前应用较为普遍的折板、波纹板、网格/栅条、改进型网格、小孔眼网格等絮凝池形式为代表。

折板絮凝池是国内 20 世纪 70 年代开始研究、80 年代初广泛应用的新型絮凝工艺，是在隔板絮凝池的基础上发展而来，即在传统隔板絮凝池概念基础上，通过改变直线形隔板构形为折线形，使隔板间沿水流方向增加产生有利于絮体成长的水流紊动，均化输入的能量、提高能量利用率和絮凝效率，从而改善絮凝体沉降性能。

波纹板絮凝池的波纹板是折板的一种特殊形式。

网格/栅条絮凝反应池是 20 世纪 80 年代开始在国内进行生产性试验的新型絮凝池，当前国内大水厂应用较为普遍。《栅条、网格絮凝池设计标准》CECS06 已正式纳入相关设计规范。

改进型网格絮凝池，主要有三种形式，即：①“人”字形栅条/网格，即在同一层栅条或网格中同时存在渐缩、渐扩两种类型的栅条过水缝或网格孔眼；②“改型网格絮凝池”，主要特点是降低竖井流速、减小竖井格数、减少网格层数、缩小网孔尺寸；③“小孔眼网格絮凝池”，是 20 世纪 90 年代结合传统大网格和改型网格优势，进一步研制开发的新型网格絮凝形式。以下简要介绍目前工程界多采用的絮凝池工作原理及设计要点。

1.4.1 机械絮凝池

机械絮凝池是通过机械带动叶片而使液体搅动以完成絮凝过程的构筑物。利用电动机经减速装置驱动搅拌器对水进行搅拌，故水流的能量消耗来源于搅拌机的功率输入。搅拌器有桨板式和叶轮式等，目前我国常用前者。根据搅拌轴的安装位置，又分水平轴和垂直轴两种形式，水平轴式通常用于大型水厂，垂直轴式一般用于中、小型水厂，为适应絮凝体形成规律，第一格内搅拌强度最大，而后逐格减小，从而速度梯度 G 值也相应地由大到小。机械絮凝池的平面示意图见图 1-8。

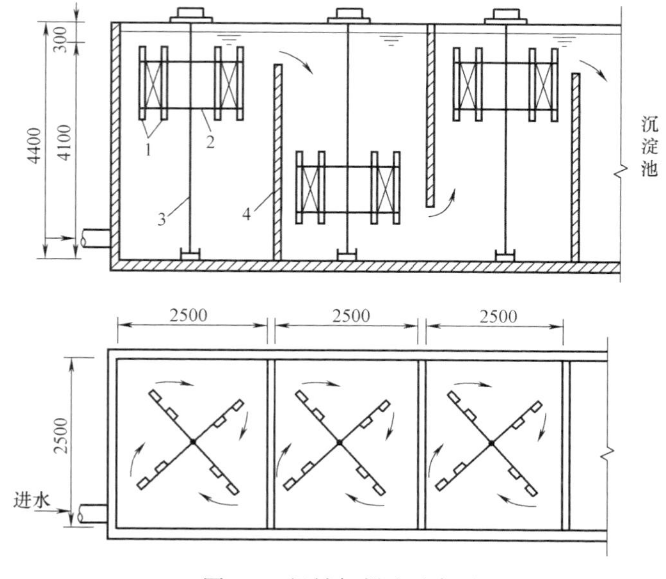

图 1-8　机械絮凝池示意图

机械搅拌絮凝池是完成絮凝工艺的重要操作单元，具有处理效率高，絮凝效果良好，不受水量变化的影响，单位面积产水量较大，对水温、水质变化的适应性强等优点，目前已广泛应用于各种水处理工艺，但絮凝设备昂贵，造价高，运行过程中存在反应池短流和水量不稳定造成的反应强度不足，絮体沉降性能差，污泥在絮凝反应中的利用率不高，絮凝效果不甚理想等问题。因此，对机械搅拌絮凝池进行合理改造，以提高其絮凝效能十分必要。在现实中多采用把机械搅拌絮凝池和其他形式的絮凝池组合利用，以此来提高机械搅拌絮凝池的利用效率。

机械搅拌絮凝池要求池内的水流速度由大变小逐渐转换。在较大的反应速度下使水中的胶体粒子发生较充分的碰撞、吸附凝聚，在较小的反应速度下使水中的胶体颗粒结成较大而稠密的絮体，以便在沉淀池内除去。

单个机械池接近于CSTR型反应器，故宜分格串联。分格越多，越接近PF型反应器，效果较好，但机械絮凝池的串联级数不宜过多，一般考虑3～4级，用隔墙（或称导流墙）分隔数格，以避免水流短路，搅拌强度随絮凝体长大而逐格减小。它的速度梯度不受水量的影响，G值适应性也较大。

机械絮凝池的设计要点如下：

（1）池数一般不少于2个。

（2）搅拌器排数一般为3～4排（不应少于3排），水平搅拌轴应设于池中水深1/2处，垂直搅拌轴则设于池中间。

（3）叶轮桨板中心处的线速度，第一排采用0.4～0.5m/s，最后一排采用0.2m/s，各排线速度应逐渐减小。

（4）水平轴式叶轮直径应比絮凝池水深小0.3m，叶轮末端与池子侧壁间距不大于0.2m。

垂直轴式的上桨板顶端应设于池子水面下0.3m处，下桨板底端，设于距池底0.3～0.5m处，桨板外缘与池侧壁间距不大于0.25m。

（5）水平轴式絮凝池每只叶轮的桨板数目一般为4～6块，桨板长度不大于叶轮直径的75%。

（6）同一搅拌器两相邻叶轮应相互垂直设置。

（7）每根搅拌轴上桨板总面积宜为水流截面积的10%～20%，不宜超过25%，每块桨板的宽度为桨板长的1/5～1/10，一般采用10～30cm。

（8）必须注意不要产生水流短路，垂直轴式的应设置固定挡板。

（9）为了适应水量、水质和药剂品种的变化，宜采用无级变速的传动装置。

（10）全部搅拌轴及叶轮等机械设备，均应考虑防腐。

（11）水平轴式的轴承与轴架宜设于池外，以避免设在池内容易进入泥砂，致使轴承的严重磨损和轴杆的折断。

1.4.2 隔板絮凝池

隔板絮凝池是指水流以一定流速在隔板之间通过而完成絮凝过程的构筑物，是传统的絮凝池布置形式，主要有往复式和回转式两种，后者是在前者的基础上加以改进而成的。在往复式隔板絮凝池内，水流作180°转弯，局部水头损失较大，而这部分能量消耗往往对絮凝效果作用不大。因为180°的急剧转弯会使絮体有破碎可能，特别在絮凝后期。回转式隔板絮凝池内水流作90°转弯，局部水头损失大为减小，絮凝效果也有所提高。就反应器工作原理而言，隔板絮凝池接近于推流型（PF型），特别是回转式隔板反应池。因为往复式隔板反应池在180°转弯处的絮凝条件与廊道内条件差别较大。隔板絮凝池的平面示意图见图1-9。

隔板絮凝池的优点是构造简单，管理方便。隔板絮凝池的缺点是流量变化大时，絮凝效果不稳定，与折板及网格式絮凝池相比，因水利条件不甚理想，能量消耗（即水头损失）中的无效部分比例较大，故需较长的絮凝时间，池子容积较大。主要是因为水流条件不理想而使能量中的大部分成为无效消耗，从而延长了絮凝时间，增大了絮凝池容积。特别是在水流流经拐弯角时，速度以离散数值方式变小，而不是由大到小平稳地过渡，这样消耗的能量大且对絮凝体的成长不利，虽然在急剧转弯下会增加颗粒之间的碰撞概率，但不合理的速度梯度分布易造成絮凝池前部由于速度梯度过小，达不到最高效率的颗粒碰撞，而后部拐角处又由于速度梯度过高，撞击过大，而易使聚集好的絮体破碎，结果导致絮体颗粒密实程度不一，如此一来，在设计时间内，被打碎的絮体随水流进入沉淀池，影响出水效果，而密实的絮体在未进入沉淀池时，已过早地在絮凝池后部下沉，时间一长，在絮凝池末端的廊道内易形成“沙丘”状的沉积物，阻碍水流通道，降低了絮凝效果。

隔板絮凝池已有多年运行经验，在水量变动不大的情况下，絮凝效果有保证。目前，往往把往复式和回转式两种形式组合使用，沿水流方向，前部为往复式，后部为回转式。因絮凝初期，絮凝体尺寸较小，无破碎之虑，采用往复式较好；絮凝后期，絮凝体尺寸较大，采用回转式较好。

隔板絮凝池主要设计参数如下：

（1）廊道中流速，起端一般为0.5～0.6m/s，末端一般为0.2～0.3m/s。流速应沿程递减，即在起、末端流速已选定的条件下，根据具体情况分成若干段确定各段流速。分段愈多，效果越好。但分段过多，施工和维修较复杂，一般宜分成 4～6 段。

为达到流速递减目的，有两种措施：一是将隔板间距从起端至末端逐段放宽，池底相平；一是隔板间距相等，从起端至末端池底逐渐降低。一般采用前者较多，因施工方便。若地形合适，可采用后者。

（2）为减小水流转弯处水头损失，转弯处过水断面积应为廊道过水断面积的 1.2～1.5 倍。同时，水流转弯处尽量做成圆弧形。

（3）絮凝时间，一般采用 20～30min。

（4）隔板间净距一般宜大于 0.5m，以便于施工和检修。为便于排泥，池底应有 0.02～0.03 坡度并设直径不小于 150mm 的排泥管。

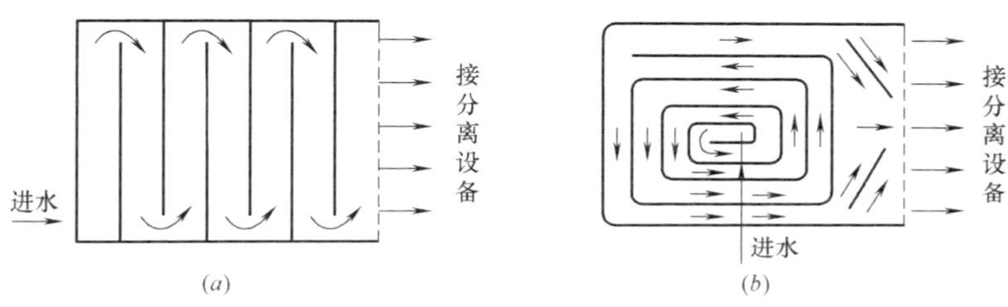

图 1-9　隔板絮凝池示意图

（a）往复式；（b）回转式

1.4.3　折板絮凝池

折板絮凝池是在隔板絮凝池基础上发展起来的，目前已得到广泛应用。其基本原理是：折板絮凝池的构造是在池内放置一定数量的平行折板或波纹板。主要运用折板的缩放或转弯造成的边界层分离而产生的附壁紊流耗能方式，在絮凝池内沿程保持横向均匀，纵向分散地输入微量而足够的能量，有效地提高输入能量利用率和混凝设备容积利用率，增加液流相对运动，以缩短絮凝时间，提高絮凝体沉降性能。

折板絮凝的组合方式分为同步折板和异步折板两类。折板可以波峰对波谷平行安装，称“同波折板”；也可波峰相对安装，称“异波折板”。异波折板水流速度和方向转变频繁，射流作用和液流左右振荡强烈，颗粒碰撞剧烈；同波折板水流运动状况变化程度较异步折板弱。异波折板絮凝池通过折板单元连续的缩放产生交变的对称或单侧涡旋，良好的造涡能力增大了絮体颗粒间的接触碰撞频率，从而提高了絮凝效果。折板絮凝池的平面示意图见图 1-10。

水流通过折板间隙数，又分为“单通道”和“多通道”。多通道系指，将絮凝池分成若干格子，每一格内安装若干折板，水流沿着格子依次上、下流动。在每一个格子内，水流平行通过若干个由

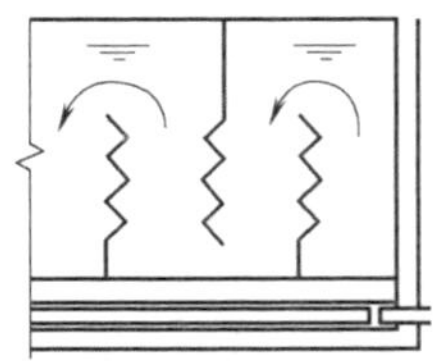
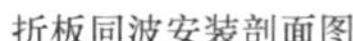
折板同波安装剖面图

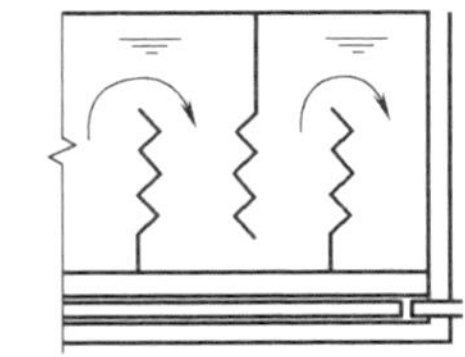
折板异波安装剖面图

图 1-10　折板絮凝池示意图

折板组成的并联通道。无论在单通道或多通道内，同波、异波折板两者均可组合应用。有时，絮凝池末端还可采用平板。为使输入能量与絮凝体成长过程相适应，折板絮凝的组合方式为：絮凝区前段采用异波折板，中段采用同步折板，后段为平板，这样组合有利于絮凝体逐步成长而不易破碎。是否需要采用不同形式的折板组合，应根据设计条件和要求决定。异波和同波折板絮凝效果差别不大，但平板效果较差，故只能放置在絮凝池末端起补充作用。

波形板絮凝池类似于多通道折板絮凝池，是以波形板为填料的絮凝形式。在各絮凝室中等间距地平行装设波形板，形成几何尺寸完全相同、相互并联的水流通道，因此各通道的水力阻抗特性完全相同，使流量在各通道间均匀分配，在同一絮凝室中各通道的能量分布相同。能量的输入在两波形板间形成的连续扩大腔、缩颈处完成。这种能量分布的均匀性使能量得到充分利用，同时为絮粒长大提供了适宜的水力条件。

折板单元本身的水力特性对絮体颗粒碰撞的影响主要表现在：折板单元的造涡作用、连续均匀的单元设置改善了紊动能耗的分布，从而提高了絮凝效果。水流通过折板单元，在渐扩段与渐缩段的作用下，可以形成对称涡旋及单侧涡旋。波峰处水流边界层的分离是产生涡旋的动因。根据涡旋的扩散性，大涡旋会进一步分解为小尺度的涡旋，直到与水流微团相关的雷诺数低到不能再产生更小的涡旋为止。同时，大尺度的涡旋从主流吸取动能，在运动过程中传递给较小尺度的涡旋，这样逐级传递，一直到微尺度的涡旋。在较大尺度的涡运动中，流体黏性几乎不起作用，可忽略不计，因而在动能传递中几乎没有能耗；而在微尺度的涡运动中，流体黏性将起主要作用，传送到这些最低级涡旋的能量就会通过黏性作用转化为热能。水流中同时存在无数大大小小的涡旋，产生一系列的脉动频率，具有连续的频谱。

折板絮凝池因板间距小，安装维修较困难，费用较高。

如隔板絮凝池一样，折板间距应根据水流速度由大到小而改变。折板之间的流速通常也分段设计。分段数不宜少于 3 段。各段流速可分别为：

第一段：0.25～0.30m/s；

第二段：0.15～0.25m/s；

第三段：0.10～0.15m/s。

折板夹角采用 90°～120°。折板可用钢丝网水泥板或塑料板等拼装而成。波高一般采用 0.25～0.40m。

1.4.4　网格、栅条絮凝池

网格絮凝池是应用紊流理论的絮凝池，由于池高适当，故可与平流沉淀池或斜管沉淀池合建。网格、栅条絮凝池的平面示意图见图 1-11。

网格、栅条絮凝池设计成多格竖井翻腾式。每个竖井安装若干层网格或栅条。各竖井之间的隔墙上，上、下交错开孔。每个竖井网格或栅条数自进水端至出水端逐渐减少，一般分为 3 段控制。前段为密网或密栅，中段为疏网或疏栅，末端不安装网、栅。当水流通过网格时，相继收缩、扩大，形成涡旋，造成颗粒碰撞。水流通过竖井之间的孔洞流速及过网流速按絮凝规律逐渐减小。

网格和栅条絮凝池所造成的水流紊动接近于局部各向同性紊流，故各向同性紊流理论应用于网格和栅条絮凝池更为合适。

网格絮凝池效果良好，水头损失小，絮凝时间较短。不过，根据已建的网格和栅条絮凝池运行经验，还存在末端池底积泥现象，少数水厂发现网格上滋生藻类、堵塞网眼现象。网格和栅条絮凝池目前尚在不断发展和完善之中。絮凝池宜与沉淀池合建，一般布置成两组并联形式。

网格（栅条）絮凝池的设计要点为：

（1）絮凝时间一般为 10～15min。

（2）絮凝池分格大小，按竖向流速确定。

（3）絮凝池分格数按絮凝时间计算，多数分成 8～18 格；可大致按分格数均分成 3 段，其中前段为 3～5min，中段为 3～5min，末段为 4～5min。

（4）网格或栅条数前段较多，中段较少，末段可不放。但前段总数宜在 16 层以上，中段在 8 层以上，上下两层间距为 60～70cm。

（5）每格的竖向流速，前段和中段为 0.12～0.14m/s，末段为 0.1～0.14m/s。

（6）网格或栅条的外框尺寸加安装间隙等于每格池的净尺寸。前段栅条缝隙为 50mm，或网格孔眼为 80mm×80mm，中段分别为 80mm 和 100mm×100mm。

（7）各格之间的过水孔洞应下上交错布置，各过水孔面积从前段向末段逐步增大。所有过水孔须经常处于淹没状态，因此上部孔洞标高应考虑沉淀池水位变化时不会露出水面。

(8) 网孔或栅孔流速，前段为 0.25 ～ 0.30m/s，中段为 0.22～0.25m/s。

(9) 一般排泥可用长度小于 5m、直径 150～200mm 的穿孔排泥管或单斗底排泥，采用快开排泥阀。

(10) 网格或栅条材料可用木料、扁钢、塑料、钢丝网水泥或钢筋混凝土预制件等。木板条厚度 20～25mm，钢筋混凝土预制件厚度 30～70mm。

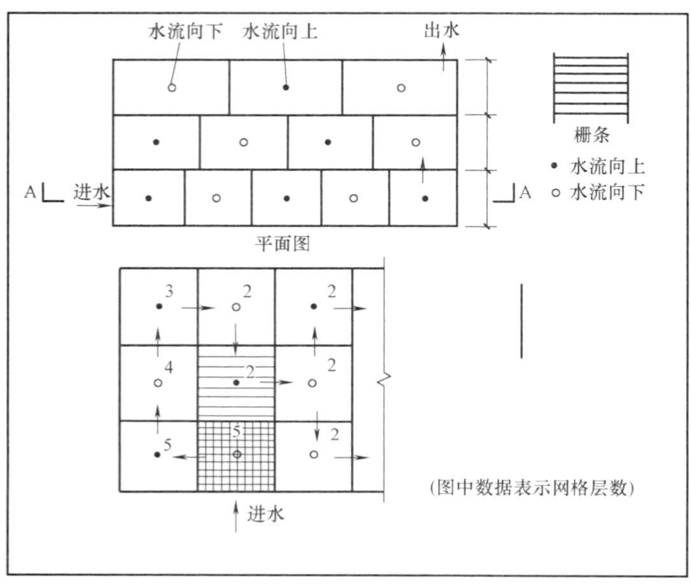

图 1-11　网格（或栅条）絮凝池示意图

1.4.5 传统澄清池

在普通絮凝池中，初始絮体没有和既成的粗絮体相接触。而在澄清池中，在絮体形成区已经存在大量的密实絮体，流入沉淀区的是粒径大小几乎一样的粒子群，向絮体形成区引入既成粗絮体也可强化絮体形成的速度。在澄清池中，大粒径的成熟絮体处于和上升水流成平衡的静止悬浮状态，构成悬浮泥渣层。投加絮凝剂后的原水通过搅拌生成微絮体，然后随着上升水流自下而上地通过悬浮泥渣层而吸附、结合、迅速生成成熟絮体，悬浮泥渣层中成熟絮体与微絮体之间发生接触絮凝。

澄清池是一种将絮凝反应过程与澄清分离过程综合于一体的净水构筑物。主要特点是池内具有污泥泥渣层，或接触，或循环，利用池中的泥渣与凝聚剂，以及原水中的杂质颗粒相互接触、吸附，以达到泥水分离的效果，澄清池的最关键部分是接触絮凝区。该区絮体中所含悬浮固体浓度约在 3～10g/L 范围内，且随絮体的特性、池型和工作条件而变化。这些絮体处于一种悬浮的、紊动的和动态的稳定状态，以保持接触絮凝区的工作稳定。它具有生产能力高，处理效果好等优点。

各种澄清池的发展历史如表 1-2 所示。

澄清池的发展历史　　**表 1-2**

序号	池型	国外起用时期	国内起用时期	附注
1	悬浮澄清池	1900 年左右	1960 年左右	
2	机械加速澄清池	1936 年	1964 年	
3	水力循环澄清池	—	1960 年	
4	脉冲澄清池	1956 年	1965 年以后	
5	斜板(管)澄清池	1954 年	1965 年	
6	加斜板(管)澄清池	1965～1966 年	1966 年以后	
7	细砂回流澄清池	1993 年	—	Actiflo
8	高密度澄清池	1994 年后	2002 年	Densadeg
9	高效综合澄清池	—	2004 年	ECC(SMEDI)

澄清池基本上可分为泥渣悬浮型澄清池、泥渣循环型澄清池两类。

1. 泥渣悬浮澄清池

(1) 悬浮澄清池：加药后的原水由池底进入，水自下而上通过泥渣悬浮层，水中杂质被泥渣层截留。泥渣层靠向上的流速呈悬浮状态。因絮凝作用悬浮层逐渐膨胀，当超过一定高度时，则通过排泥通道排入泥渣浓缩室，定期排出池外。为提高悬浮澄清池效率，有的在澄清池内增设斜管。进水量或水温发生变化时，会使悬浮工作不稳定，现已很少采用。

(2) 脉冲澄清池：配水竖井向池内脉冲式间歇进水，特点是澄清池的上升流速发生周期性变化。在脉冲作用下，池内悬浮层一直周期地处于膨胀和压缩状态，进行一上一下的运动。悬浮层不断产生周期性的收缩和膨胀不仅有利于微絮凝颗粒与活性泥渣进行接触絮凝，还可以使悬浮层的浓度分布在全池内趋于均匀并防止颗粒在池底沉积。

2. 泥渣循环澄清池

(1) 机械搅拌澄清池：机械搅拌澄清池是将混合、絮凝反应及沉淀工艺综合在一个池内，池中心有一个转动叶轮，将原水和加入药剂同澄清区沉降下来的回流泥浆混合，促进较大絮体的形成。叶轮提升流量可为进水流量的 3～5 倍，可通过调节叶轮开启度来控制。为保持池内浓度稳定，要排除多余的污泥，所以在池内设有泥渣浓缩斗。该池的优点是：效率较高且比较稳定，对原水水质（如浊度、温度）和处理水量的变化适应性较强；操作运行较方便；小型水厂应用较多，但近年来由于原水微污染的加剧，由于反应时间短，该池型所形成的絮体不易沉淀，易导致出水浊度升高。

(2) 水力循环澄清池：原水由底部进入池内，经喷嘴喷出。喷嘴上面为混合室、喉管和第一反应室。喷嘴和混合室组成一个射流器，喷嘴高速水流把池子锥形底部含有大量絮凝体的水吸进混合室内和进水掺合后，经第一反应室喇叭口溢流出来，进入第二反应室中，从第二絮凝室流出的泥水混合液，在分离室中进行泥水分离。泥渣回流量一般为进口流量的 2～4 倍。第一反应室和第二反应室构成了一个悬浮物区，第二反应室出水进入分离室，相当于进水量的清水向上流向出口，剩余流量则向下流动，经喷嘴吸入与进水混合，再重复上述水流过程。该池的优点是：无需机械搅拌设备，运行管理较方便，锥底角度大，排泥效果好。缺点是：反应时间较短，造成运行上不够稳定，不能适用于大水量。

1.4.6 高密度澄清池

高密度澄清池（Densadeg）是一种采用斜管沉淀及污泥循环收集、高速的澄清池。目前多用于污泥的浓缩处理。其工作原理基于下列五个方面：原始概念上的整体化的絮凝反应池、推流式反应池至沉淀池之间的慢速传输、污泥的外部再循环系统、斜管沉淀机理、采用合成絮凝剂＋高分子助凝剂。高密度澄清池的平面示意图见图 1-12。

RL 型高密度澄清池，是目前使用范围最广的一种高密度澄清池。水泥混合物流入澄清池的斜管下部，污泥在斜管下的沉淀区从水中分离出来，此时的沉淀为阻碍沉淀；剩余絮片被斜管截留，该分离作用是遵照斜管沉淀机理进行的。因此，在同一构筑物内整个沉淀过程分为两个阶段进行：深层阻碍沉淀、浅层斜管沉淀。其中，阻碍沉淀区的分离过程是澄清池几何尺寸计算的基础。池中的上升流速取决于斜管区所覆盖的面积。高密度澄清池包括五个重要因素：①均质絮凝体及高密度矾花；②由于沉淀速度快（15 和 40m/h）采用密集型设计；③有效地完成污泥浓缩；④沉淀后出水质量较高，一般在 10NTU 以内；⑤抗冲击负荷能力强，不易受突发冲击负荷的变化影响。

高密度澄清池可在流速波动范围大的情况下工作。它由三个主要部分组成：一个“反应池”、一个“预沉池—浓缩池”和一个“斜管分离池”。

1. 反应池

在该池中进行物理—化学反应，或在池中进行其他特殊沉淀反应。反应池分为两个部分：一个是快速混凝搅拌反应池，另一个是慢速混凝推流式反应池。

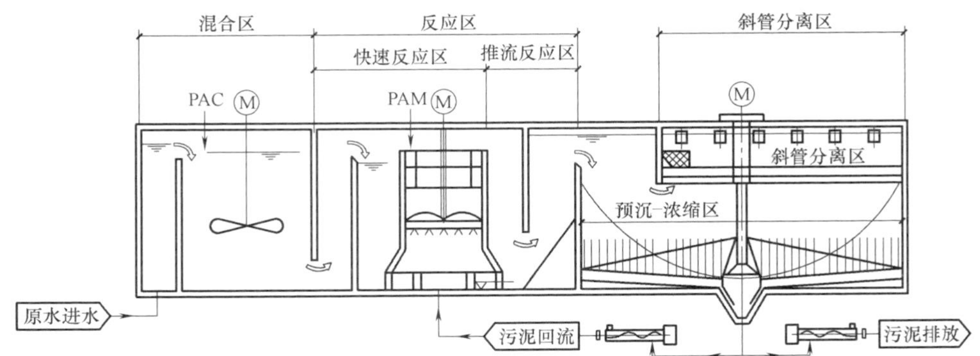

图1-12　高密度澄清池示意图

1）快速混凝搅拌反应池

将原水（通常已经过预混凝）引入到反应池底板的中央。一个叶轮位于中心稳流型的圆筒内。该叶轮的作用是使反应池内水流均匀混合，并为絮凝和聚合电解质的分配提供所需的动能量。混合反应池中悬浮絮状或晶状固体颗粒的浓度保持在最佳状态，该状态取决于所采用的处理方式。通过来自污泥浓缩区的浓缩污泥的外部再循环系统使池中污泥浓度得到保障。

2）慢速混凝推流式反应池

上升式推流反应池是一个慢速絮凝池，其作用就是连续不断地使矾花颗粒增大。因此，整个反应池（混合和推流式反应池）可获得大量高密度、均质的矾花，以达到最初设计的要求。沉淀区的速度应比其他系统的速度快得多，以获得高密度矾花。

2. 预沉池—浓缩池

矾花慢速地从一个大的预沉区进入到澄清区，这样可避免损坏矾花或产生涡旋，确保大量的悬浮固体颗粒在该区均匀沉积。矾花在澄清池下部汇集成污泥并浓缩。浓缩区分为两层：一层位于排泥斗上部，一层位于其下部。上层为再循环污泥的浓缩。污泥在这层的停留时间为几小时，然后排入到排泥斗内。在某些特殊情况下（如：流速不同或负荷不同等），可调整再循环区的高度。由于高度的调整，必会影响污泥停留时间及其浓度的变化。部分浓缩污泥自浓缩区用污泥泵排出，循环至反应池入口。下层是产生大量浓缩污泥的地方。浓缩污泥的浓度至少为20g/L（澄清工艺）。

采用污泥泵从预沉池—浓缩池的底部抽出剩余污泥，送至污泥脱水间或现有的可接纳高浓度泥水的排水管网或排污管、渠等。

3. 斜管分离区

逆流式斜管沉淀区将剩余的矾花沉淀。通过固定在清水收集槽下侧的纵向板进行水力分布。这些板有效地将斜管分为独立的几组以提高水流均匀分配。不必使用任何优先渠道，使反应沉淀可在最佳状态下完成。澄清水由一个集水槽系统回收，絮凝物堆积在澄清池的下部，形成的污泥也在这部分区域浓缩，通过刮泥机将污泥收集起来，循环至反应池入口处，剩余污泥排放。

1.4.7 各种絮凝池的技术对比

折板絮凝池是在池内放置一定数量的平行折板或波纹板，水流沿折板竖向上下流动，多次转折，促使絮凝，但折板絮凝池在水体中产生的涡旋尺度较大，其离心惯性力小，絮凝效果不佳。隔板与折板仅是在板与板拐弯角处产生湍流从而形成一些较大的涡旋，涡旋的数量有限。同时折板絮凝池的板距小，安装维修较困难，而且折板费用较高，所以通常用于水量变化较小的中、小型水厂。小孔眼网格絮凝设备在水流通过网格后产生的涡旋尺度较小且与矾花尺度相当，数量更多。有效地增加了颗粒的碰撞次数，形成的矾花较为密实。使得絮凝反应时间更短，絮凝效果更好。目前常用的折板絮凝池和网格絮凝池的技术比较见表 1-3。

常见水力絮凝池形式特点比较 　　表 1-3

<table>
<tr><th>形式</th><th colspan="2">填料特点</th><th>安装特点</th><th>主控参数</th></tr>
<tr><td rowspan="2">折板</td><td colspan="2" rowspan="2">折线形
平直形</td><td>竖流(多),横流(少)</td><td rowspan="2">流速、G/GT、
水头损失</td></tr>
<tr><td>相对→平行→平直</td></tr>
<tr><td rowspan="2">波纹板</td><td colspan="2">正弦波</td><td rowspan="2">多平行布置</td><td rowspan="2">流速、G/GT、
水头损失</td></tr>
<tr><td colspan="2">大波板/小波板</td></tr>
<tr><td>栅条/
网格</td><td colspan="2">栅条/方形孔眼</td><td>层数由密到疏,栅/网孔由
小到大,多水平安装</td><td rowspan="3">栅隙/网格层数;过栅/
过网流速、G/GT</td></tr>
<tr><td rowspan="3">改进型
网格/
栅条</td><td>改型网格</td><td>网格/栅条</td><td>降低竖井流速、减少竖井格数、
减少网格层数、缩小网孔尺寸</td></tr>
<tr><td>人字栅条/网格</td><td>渐缩/渐扩孔</td><td>同“栅条/网格絮凝”</td></tr>
<tr><td>小孔眼网格</td><td>方孔</td><td>沿程孔径一般不变,反应
全程水平或竖直安装</td><td>特定网孔线径比;湍流剪切力
τ;涡旋衰减距离 D;絮凝时间 T</td></tr>
</table>

小孔眼网格现已成为众多净水厂经常采用的絮凝设备，它具有絮凝效果好、节省絮凝时间、降低药耗和抗冲击负荷的优点。为更好地利用与开发新型网格絮凝设备，有必要研究此类设备的工作机理及相应的控制过程，为合理设计与应用小孔眼网格絮凝池提供理论依据。

第 2 章　涡旋絮凝理论

惯性絮凝是指絮凝阶段利用水体中涡旋的离心惯性效应完成絮凝过程。水体中的涡旋可以由水力学措施，也可以由机械做功产生。水力学措施如旋流絮凝池、网格絮凝池和折板絮凝池，机械做功措施如机械搅拌絮凝池、机械搅拌澄清池等。本章将运用水力学理论知识阐述涡旋絮凝的基本原理及其合理的利用方式。

2.1　涡旋及涡旋动力学

2.1.1　涡旋运动概述

自然界和工程中常常出现大尺度流体团的强烈旋转现象，如河流旋涡、机翼尾涡、龙卷风等，这种流动状态称为涡旋。直观上的涡旋现象是一种强烈的有旋运动。流体有旋运动用速度场的旋度 $\omega=\nabla\times U$ 来描述（本章中涡量都用 ω 表示），但是有旋运动并不都是表现为流体团的强烈旋转，只有当流体团积聚较强涡量并绕某一公共轴线（可以是曲线）旋转时，它才能形成涡旋。

涡旋虽然可以给人类带来灾难和不利的自然危害，如龙卷风，但我们也可以利用它的强烈旋转特性制造有用的装置，如旋风分离器等。此外，当流体中存在强烈涡旋运动时，它往往成为主宰流动的因素，因此利用涡旋控制流动常常是很有效的。对于研究涡旋运动来说，从涡运动学及涡动力学出发常常比用欧拉方程或纳维—斯托克斯方程来研究更加方便。在探讨涡旋应用于絮凝过程之前有必要先了解一下涡运动和涡动力学。

开尔文定理是研究理想流体涡动力学的基础，根据开尔文定理，产生有旋运动的条件有三：第一，流体的黏性是产生涡量的原因之一，特别是固壁无滑移条件是黏性流体中生成涡量的主要来源；第二，非正压性流体，存在密度分层，是生成涡量的另一原因；第三，无势质量力场也能生成有旋运动，例如地球自转引起的哥氏力产生的转涡；第四，流场中的强间断面也会产生涡旋，如：曲面激波后的有旋运动。

下面我们列举一些涡旋的实例。

由壁面无滑移条件形成的固壁附近边界层流可以看作一个极薄的有旋层，在边界层没有分离的情况下，它并不表现为涡旋，在逆压梯度边界层中边界层将发生分离而形成涡旋。在流线型物体的平面绕流中，如翼形的小攻角绕流，分离流线会再附着到翼面上形成一个回流区（图 2-1（*a*））；而钝体的分离流线在物体后面形成大回流区（图 2-1（*b*）），回流区是一种弱涡旋区。光滑物面的分离点和分离后的回流区除了与物面几何形状有关外，还随特征 *Re* 数变化，如图 2-1（*b*）中的强尾流；而绕有尖缘的物体流动的分离点固定在尖缘上，分离后的回流区中有明显的涡旋。

当绕流的 *Re* 数增加时，钝体后的分离泡分裂而形成脱体涡，例如圆柱后的尾流中，当 $Re \approx 100$ 时有两列周期排列的涡旋，即卡门涡街（图 2-2（*a*）），*Re* 数继续增大时圆柱绕流后形成湍流尾迹（图 2-2（*b*））。

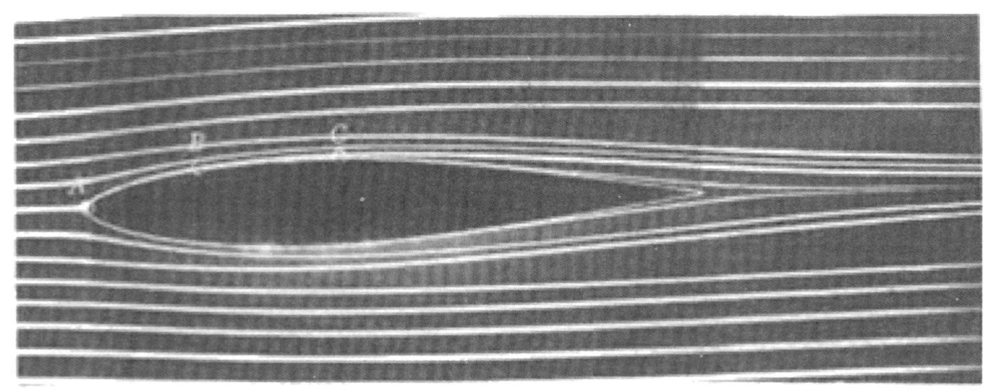

（*a*）

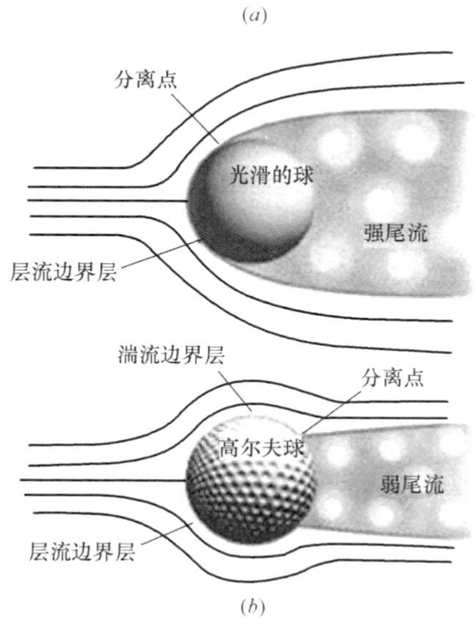

（*b*）

图 2-1　流体中绕流物体后的流线分离现象

（*a*）流线型物体的分离泡；（*b*）球体后的分离泡

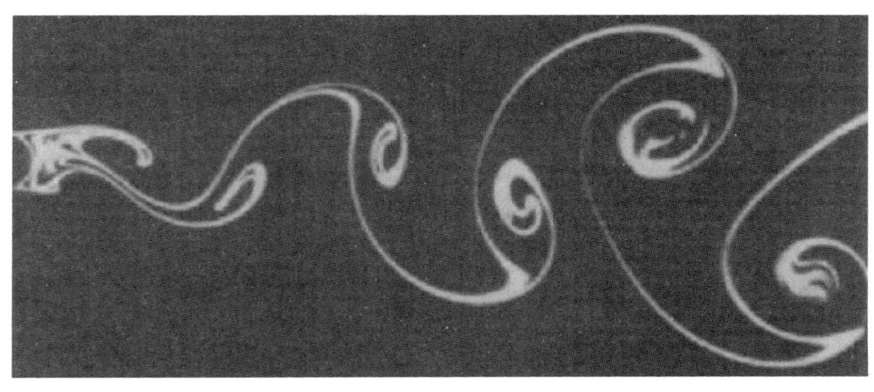

(*a*)

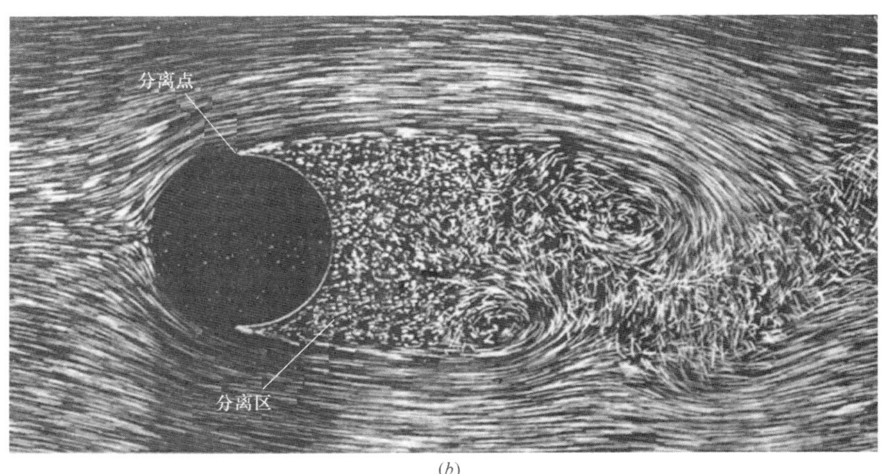

(*b*)

图 2-2　圆柱绕流后面的涡

(*a*) 卡门涡街 $Re \approx 100$；(*b*) 湍流尾迹 $Re \approx 2000$

三维物体绕流后面的涡系较二维绕流更为复杂。例如有攻角三角翼绕流中前缘卷起一对涡旋，由于前缘涡可以使三角翼的升力大大提高，这也是涡旋有利作用的一例（图 2-3）。以上几种涡旋都由壁面黏性造成。

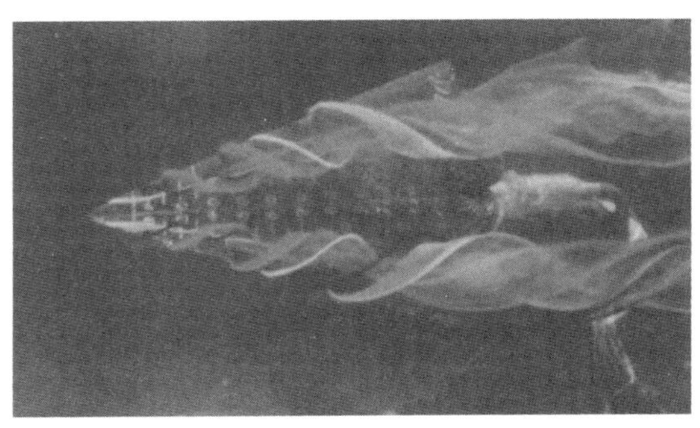

图 2-3　三角翼的前缘涡

大气和海洋中由于不稳定的密度分层（如水域中$\partial P/\partial z$，z垂直向上）能在铅垂平面内产生环流，也即横向涡旋。例如，由于地球自转，当存在大圆上气流或水流运动时，流体质点受到哥氏力作用，哥氏力和由于不稳定分层引起的运动的耦合作用形成复杂的大气环境、海洋环境，以及在极端恶劣环境下生成旋风和飓风等。可见，在自然界和工程中涡旋运动是十分普遍的，净水工艺中的絮凝过程正是利用了涡旋自身的一些特性，利用涡旋把水中的胶体颗粒和絮凝剂结合在一起，形成具有一定密实度的矾花，从而使产生浑浊度的胶体颗粒得以去除。

2.1.2 涡线、涡管、涡束和涡旋强度

涡旋中，流体本身不仅发生转动，而且其中任一股小单元均绕着瞬时轴线，以某一角速度做旋转运动。在自然界中，龙卷风、旋风、水流过桥墩时的涡旋等，都是涡旋运动。图 2-4 是絮凝搅拌时烧杯中的涡旋。

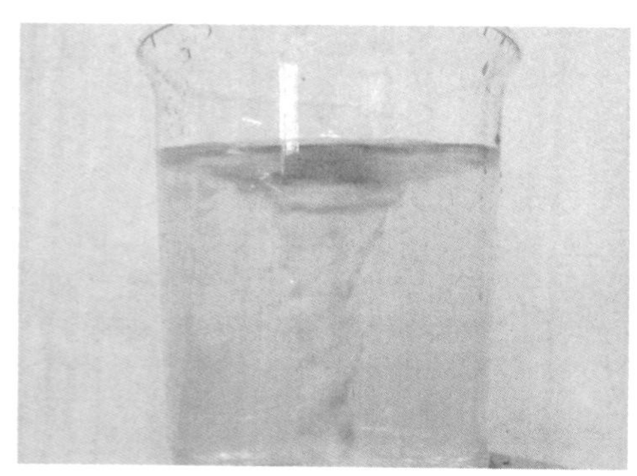

图 2-4 磁力搅拌时烧杯中的涡旋

涡线是在某瞬时涡量场内所作的一条空间曲线，在该瞬间，位于涡线上的所有流体质点的旋转角速度向量均与该线相切。因此，涡线是给定瞬时曲线上所有流体质点的转动轴线（图 2-5）。

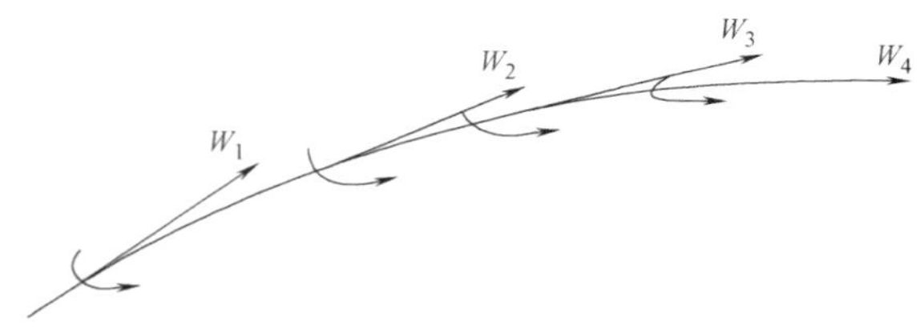

图 2-5 涡线示意图

涡线的形状及在空间的位置都随时间而不断变化。但在恒定流动中，涡线的形状保持不变。一般情况下，涡线与流线不重合，而与流线相交。与流线方程类同，可以得到涡线的微分方程：

$$\frac{\mathrm{d}x}{\omega_{\mathrm{x}}(x,y,z,t)}=\frac{\mathrm{d}y}{\omega_{\mathrm{x}}(x,y,z,t)}=\frac{\mathrm{d}z}{\omega_{\mathrm{x}}(x,y,z,t)} \tag{2-1}$$

显然，由于涡线的瞬时性，t 应该是涡线方程的一个参变量。给定瞬时，在涡量场中，过任意封闭围线（不是涡线）上各点，作涡线所形成的曲状表面，称为涡管。截面无限小的涡管称为微元涡管。若涡管中充满着旋转运动的流体质点，就称为涡束，微元涡管中的涡束称为涡索或涡丝。

旋转角速度 ω 沿涡束长度改变，但在微小涡束的每一个截面上，流体质点以同一角速度旋转，涡旋在流场中对周围流体的影响，以及沿涡束的变化，决定于旋转角速度向量和涡所包含授体的多少（用截面积 A 来表示）。如果面积 A 是涡束的某一横截面积，A 就称为涡束涡旋强度，它也是旋转角速度矢量 ω 的通量，称之为涡旋通量。涡旋强度不仅取决于 ω_{n}，还取决于 A。

流体质点的旋转角速度向量无法直接测量，所以涡旋强度不能直接计算。但是，涡旋强度与它周围的速度密切相关，涡旋强度愈大，即角速度放大，或者涡束的截面积越大，对周围角度的影响也就愈大。因此，这里引入与涡旋周围速度场有关的速度环量的概念，建立速度环量与涡旋强度之间的计算关系。速度环量是指速度向量的切向分量沿某一封闭周线的线积分。这样，通过计算涡束周围的速度场，就可以得到涡旋强度。应用斯托克斯定理，通过计算速度环量，可以得到封闭围线所包围的面积中全部涡旋的强度。

2.1.3　涡旋的基本定理

1. 斯托克斯定理

关于速度环量与涡旋强度的斯托克斯定理描述如下：沿任意封闭周线上的速度环量，等于穿过该周线所包围面积的涡旋强度的两倍，即

$$\Gamma_{\mathrm{L}} = J = 2\iint \omega_n \mathrm{d}A \tag{2-2}$$

显然，如果周线上所有各点的速度与周线垂直，那么，沿该周线的速度环量等于零。这一定理将涡旋强度与速度环量联系起来，总结出了通过速度环量计算涡旋强度的方法。

2. 汤姆逊定理

汤姆逊（Thomson）定理：理想的正压性流体在有势质量力的作用下，沿任何封闭流体围线的速度环量不随时间变化，即

$$\frac{\mathrm{d}\Gamma_{\mathrm{L}}}{\mathrm{d}t}=0 \tag{2-3}$$

由汤姆逊定理可以得出，如果理想流体从静止状态开始流动，流动时始终沿相同流体质点组成的封闭围线，它的速度环量等于零。根据斯托克斯定理，涡旋强度由速度环量度量。因此，在有势

质量力的作用下，理想不可压缩液体，若初始没有涡旋，涡旋不可能在流动过程中自己产生；或者相反，若初始有涡旋，流动中也不会自行消失。如果从静止开始的流动，由于某种原因产生了涡旋，则在该瞬间必然会产生一个环量大小相等、方向相反的涡旋，保持环量为零。实际上，只有存在着黏性的真实流体，涡旋才会产生和消失。因而，不能应用汤姆逊定理。但当黏性影响较小，且时间比较短的情况下，真实流体也可以应用汤姆逊定理。

3. 涡管特性的亥姆霍兹三定理

亥姆霍兹（Helmholtz）第一定理：在同一瞬时沿涡管长度，涡旋强度保持不变。这一定理说明，流动空间中的涡管，既不能突然中断，也不能突然产生。同样，涡管也不能以尖端形式出现，因为当 $A_j \rightarrow 0$ 时，必须有 $\omega_n \rightarrow \infty$，而这是不可能的，所以流体中的涡旋不能以尖端发生或告终。亥姆霍兹第一定理决定了流动过程中涡管存在的形式，它只能自成封闭管圈，或者涡管的两端附在边界上。对于真实流体，由于黏性摩擦力消耗能量，涡管将在运动中逐渐消失。

亥姆霍兹第二定理：在有势质量力作用下的正压性理想流体中，涡管永远保持相同的流体质点组成而不被破坏。因为涡管表面上不可能有涡线通过，根据斯托克斯定理，沿封闭围线 L 的环量 $\Gamma_L = 0$。又由汤姆逊定理，环量不随时间而变化，所以沿封闭围线 L 上环量保持为零。这说明在任何时候，都不可能有涡线穿过任何围线所包围的面积，所以，虽然涡管的形状会随时间变化不断变化，但组成涡管的流体质点永远在涡管上，涡管能够保持不变而不被破坏。

亥姆霍兹第三定理：在有势质量力作用下的正压性理想流体中，涡管的涡旋强度不随时间变化。

亥姆霍兹第一定理说明同一瞬时沿涡管长度涡旋强度保持不变，它是斯托克斯定理的推论，说明同一瞬间空间上涡旋的变化情况，这是个运动学的问题，对理想或黏性流体都适用。第二、第三定理说明涡管的涡旋强度不随时间改变，它由斯托克斯定理和汤姆逊定理加以证明。对于真实流体，黏性摩擦消耗能量会使涡旋强度逐渐减弱，因此，第二、三定理只适用于理想的正压流体。

2.1.4 涡旋速度和压强的分布

由流体微团形成的涡旋，可看作一个如同刚体转动的涡核。涡核（线）在静止流体中旋转时，由于流体的黏性作用，将带动周围的流体围绕涡核作圆周运动。显然，刚开始时，由于速度梯度大，存在比较大的黏性作用，以后逐渐减小，当周围运动稳定后，黏性作用就变得很小，这时流体黏性作用可以略去不计，而视为理想流体。

涡核在周围的流体中感生出速度，使在整个流域形成面生速度场（这种感生的流场是二元流动，流体只有由涡核感生的圆周运动），所以流场内某点（$r>r_0$）的径向速度和切向速度分别为

$$v_r=0 \quad (2\text{-}4)$$

$$v_\theta=\frac{\Gamma}{2\pi r}\text{（沿绕涡核任意封闭围线 }\Gamma=2\pi r v_\theta\text{）} \quad (2\text{-}5)$$

涡核内流体作有旋运动，不能应用拉格朗日积分。涡旋区内流线是以原点为圆心的同心圆簇，可以沿流线应用伯努利方程，但这一方程不能解出不同流线间的压强分布，可采用欧拉运动微分方程积分求解。

在涡旋区内愈靠近中心，压强 P 骤然降低，因此在涡旋中心处产生一个很大的吸力，对涡旋区外的流体具有抽吸作用。

2.1.5 涡旋的拉伸

湍流是有旋运动，湍流是由各种尺度的涡旋组合而成的。湍流场中流体微团变形和旋转的强烈相互作用是众多湍流现象的根源。随涡旋拉伸，涡线改变方向等过程的进行，流场变得复杂起来，需要以随机理论进行分析。根据随机游动理论，一个随机运动的质点，在平均意义上，离开起点的距离是增加的，这意味着，位于给定涡线端点的两质点，在有随机扰动的流场中，它们之间的长度尽管会缩短，但平均起来总是增加的；涡旋总是拉伸的，涡量是增加的。

涡旋发展的一个主要机理是涡旋的拉伸。下面分几点说明涡旋拉伸的性质及其产生的结果。①涡旋变形的影响以拉伸为主，拉伸导致涡量的强化。总的说来，元涡拉伸，断面缩小，涡量加强是主要的。② 涡旋拉伸的发展说明紊动必然是三维的。对于紊流，尽管时均流动可以是二维的，紊动则必然是三维的，即瞬时量必然是三维的。③涡旋拉伸的发展导致小尺度涡旋的各向同性。元涡在一个方向例如 X_1 方向的拉伸缩小了断面而强化了涡量，其结果增大了另外两个方向的流速分量，这样使得邻近的 X_2、X_3 两个方向的元涡也受到拉伸。伯勒特梭（Bradshaw P）提出紊动涡旋的“家谱”（图 2-6）来描述紊动的发展过程。由图可见，一个方向涡旋的拉伸诱发另外两个方向涡旋的拉伸，如此“一代一代”传递下去，各方向的涡旋分布愈来愈趋于均匀。因此得出结论：在紊流中，小尺度涡旋没有特殊的方向性，即具有各向同性的特征。

2.1.6 涡旋的级串

根据汤森等人的研究，存在于时均流动的各种尺度涡旋中，以

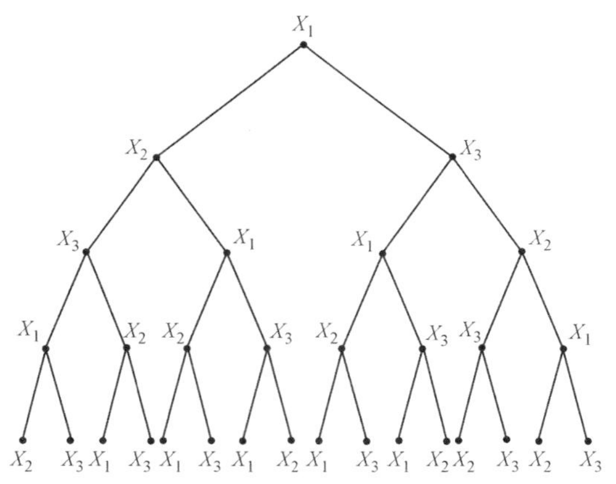

X_1	X_2	X_3
1	0	0
0	1	1
2	1	1
2	3	3
6	5	5
10	11	11
22	21	21

方向趋于均匀化

图 2-6　紊动涡旋的“家谱”

方向和流场中的正应变主轴大体一致的涡旋为主，从时均流动吸取能量，然后逐级传递下去。由于涡旋拉伸，尺度逐级变小，转速则增大，黏性应力梯度也随之增大，黏性对涡量的扩散愈来愈重要。当黏性对涡量的扩散与拉伸对涡量的加强互相平衡时，涡旋尺度不再减小，而达到极限，最后能量通过小尺度的涡旋耗损转化为热能。这样形成一个涡旋的级串（vortex cascade）。

在涡旋尺度还没有小到足以使黏性发挥作用以前，能量逐级传递的过程可以认为与黏性无关。消耗能量的数量则决定于开始下传能量的数量。

由于涡旋运动的复杂性及边界条件的多变性，目前对涡旋问题尚难提出理论的精确解。一般根据 *N-S* 方程组，再根据所研究问题的边界条件进行简化分析。

2.2　絮凝的涡旋理论

颗粒的絮凝机理一直是水处理工作者们关心的课题，迄今尚无统一认识。水有黏滞性，因此水在流动过程中会产生速度梯度，即水层之间存在速度的变化值。一般认为异向凝聚是由于布朗运动造成的，而同向凝聚是由于絮凝设备或絮凝池体的作用而产生的。搅拌反应、折板反应、格网反应和迷宫反应等反应方式，均是设备在水流中产生涡旋，有涡旋时，速度梯度值就会变化很快，除了造成凝聚体的“你追我赶”相互碰撞以外，还会产生凝聚体或微絮体本身的“自旋”。因为涡旋内流线发生变化，相邻流层之间存在速度差值，一个微粒很可能在其前进方向的两侧受到不同的速度影响，这两个不同速度的差值形成力矩，推动絮体或凝聚体自身旋转。自旋本身相当于增大了絮体的半径，所以能提高混凝效果。除此以外，在高效絮凝技术中，都利用了各种手段产生涡旋，提高絮凝效率，在反应阶段，长大后的絮凝体在涡旋中由于惯性力和离心力的作用会绕着涡旋中心，以涡旋中心为轴回转，相当于在更大范围内扩大了自身的半径，而且有时还会在涡旋中反复回转，增加了微粒碰撞、接触的机会，使小颗粒凝结成大颗粒，大颗粒聚结成更大的颗粒，从而可以在沉淀阶段得以与水分离。混凝过程的水力学动力是湍流中的涡旋产生的，目前，对于涡旋在混凝中的应用，主要存在两种观点：涡旋剪切混凝和涡旋离心惯性混凝。

2.2.1 涡旋剪切絮凝

紊流运动中的涡旋运动规律可用下式表达

$$u=\frac{k}{R^m} \tag{2-6}$$

式中　k——常数；

m——指数，一般 $m=0.5\sim0.9$；

u——为计算点的切向速度；

R——为计算点到原点的距离，即涡旋半径。

则半径为 R 处的速度梯度，即塑变形：

$$S_R=\frac{\partial u}{\partial R}-\frac{u}{R}=-(m+1)\frac{k}{R^{m+1}}=-(m+1)\frac{u}{R} \tag{2-7}$$

Heisenbery 提出，即便是湍流也可把它看成是平均流来研究它的特征。如海水流动时虽然速度、位置都随时间而变化，在很长的时间内观察时，可看成是湍流；但是在很短的时间内可将其看成是平均流。这与 Ross 提出的“紊流流动可模型化为一些复杂层流运动的组合”观点一致。借助坎布（Camp）的混凝方程，由涡旋速度梯度引起的单位积水中单位时间内颗粒 i 和颗粒 j 碰撞次数 N_{ij} 可表示为

$$N_{ij}=\frac{4}{3}n_i n_j(r_i+r_j)^3\times|S_R|=\frac{4}{3}(m+1)n_i n_j(r_i+r_j)^3\times\frac{u}{R} \tag{2-8}$$

式中　n_i——颗粒 i 的浓度；

n_j——为颗粒 j 的浓度；

r_i——为颗粒 i 的半径；

r_j——为颗粒 j 的半径。

2.2.2 涡旋离心惯性絮凝

在涡旋速度场中，混凝颗粒随水流一起作涡旋运动，则距旋转中心为 R、颗粒半径为 r、密度为 ρ_s 的球形颗粒，在旋转水流中所受的离心力 F 为：

$$F=m\frac{u^2}{R}=\frac{4\pi r^3}{3}(\rho_s-\rho)\frac{u^2}{R} \tag{2-9}$$

式中 m——为颗粒在水中的有效质量；

ρ——为水的密度。

絮凝颗粒径向运动时所受阻力 F_d 可表示为

$$F_d=\frac{1}{2}C_d\pi\rho V^2 \tag{2-10}$$

式中 V——颗粒的径向运动速度；

C_d——阻力系数。

根据牛顿第二定律，由式（2-9）和式（2-10）可得

$$\frac{4\pi r^3}{3}(\rho_s-\rho)\frac{u^2}{R}-\frac{1}{2}C_d\pi\rho V^2=m\frac{dV}{dt} \tag{2-11}$$

当颗粒作等速运动时，即 $dV/dt=0$ 时，离心力与阻力平衡，得出颗粒在径向的运动速度为

$$V=\sqrt{\frac{8(\rho_s-\rho)}{3C_d\rho R}}u=V_0\frac{u}{\sqrt{gR}} \tag{2-12}$$

式中，g 为重力加速度。上面的讨论虽是针对球形颗粒进行的，但对非球形颗粒同样适用，因此颗粒在惯性离心力作用下作径向运动时，大颗粒运动得快，小颗粒运动得慢，这一速度差为颗粒碰撞提供了条件。则径向速度差引起的单位积水中单位时间内颗粒 i 和颗粒 j 碰撞次数 N_{ij} 可表示为

$$N_{ij}=\pi n_i n_j(V_{0i}-V_{0j})(r_i+r_j)^2\frac{u}{\sqrt{gR}} \tag{2-13}$$

式中 V_{0i}——i 颗粒的自由沉速；

V_{0j}——j 颗粒的自由沉速。

式中，$r_i>r_j$。径向惯性离心力产生的碰撞频率不仅随颗粒粒径的增大而增大，而且还取决于粒径的差别，对于粒径相同的颗粒，即使速度很大也不会产生碰撞，因此惯性离心混凝对于粘结小颗粒并使粒径趋于均匀具有显著作用。由此可以断定：紊流条件下涡旋剪切力和惯性离心力是对加速颗粒接触碰撞的主要动力致因，而涡旋剪切力是主导动力。

2.3 涡旋絮凝动力学

2.3.1 絮凝动力学研究现状

絮凝效果的好坏取决于两个因素：①混凝剂水解后产生的高分子络合物形成吸附架桥的联结能力，这是由混凝剂的性质和水解条件决定的；②微小颗粒碰撞的概率和如何控制它们进行合理、有效的碰撞，这是由设备的动力学条件所决定的。导致水流中微小颗粒

碰撞的动力学致因一直未搞清楚，很多水处理工作者认为速度梯度是致因，这一理论是从层流的条件下导出的，是否适用于流态是湍流的絮凝池一直是人们所关心的。实际上，由于湍动涡旋的作用，大大地增加了湍流中的动量交换，均化了湍流中的速度分布，所以湍流中的速度梯度远远小于按该理论计算的数值。速度梯度理论公式中单位水体能耗与湍流中的微涡旋有着密切关系，正是这些湍流的微结构决定了水中微小颗粒的动力学特性和它们之间的碰撞。速度梯度理论可以用于指导机械搅拌絮凝池的设计，但对网格絮凝池、折板絮凝池等池型的设计却是没有理论意义，只具有经验指导意义（见 2.3.5 节）。这一理论对改善现有的絮凝工艺并没有任何价值。

另一方面，举出一个完全与速度梯度理论相矛盾的絮凝工程实例：网格反应池在网格后面一定距离处水流近似处于均匀各向同性湍流状态，即在这个区域中不同的空间点上水流的时平均速度都是相同的，速度梯度为零。按照速度梯度理论，速度梯度越大颗粒碰撞次数越多，而网格絮凝反应池速度梯度为零，其反应效率应最差。而事实恰好相反，网格反应池的絮凝反应效果却优于传统反应设备。这说明了速度梯度理论远未揭示絮凝的动力学本质。

在絮凝动力学的研究过程中，一个湍流研究学派用湍流扩散的时平均方程去计算颗粒碰撞次数，最后得到的结论与速度梯度理论基本相同，即湍流中颗粒碰撞次数随湍流能耗的增大而增大。这种研究方法用的是湍流扩散时平均方程，因此不能揭示湍流微结构在絮凝中的动力学作用。在絮凝动力学的研究中，把研究领域仅仅划分为微观与宏观已不够了，因为絮凝中的颗粒碰撞是与湍流中微结构的动力作用密切相关的，微观研究领域的分子尺度远远小于湍流中的微结构尺度，微观的分子运动完全不受湍流微结构影响，只与热力学系参数有关；而宏观流动计算中人们关注的是时平均速度、时平均压强、时平均浓度，该方法揭示湍流微结构在絮凝中的动力学作用。因此，在絮凝动力学的研究中应从湍流微结构的尺度，即从亚微观尺度上进行研究。而上述絮凝的湍流研究学派，正是因为采用了统计时平均的宏观流动计算方法，所以无法揭示絮凝的动力学本质。

可见，目前的混凝反应无论是从工程实践、还是从理论上，都不是很完善。高效廉价混凝剂的研发，将使混凝反应进行得更充分，但即使在原水中加入极高效的混凝剂，也需要从设备上为矾花颗粒创造良好条件。目前为止，从流体动力学上提供什么样的水力条件，最有利于混凝反应的进行，尚无定论。因此，从混凝动力学入手，研究影响混凝过程的动力学因素，从成因上对混凝动力学的机理进行解释，有着重要的工程实践意义。

2.3.2 旋转水流的运动规律

在混凝反应开始时，水中胶体颗粒和混凝剂水解产物是在水分子热运动的拖动下运动的，相互接触、碰撞形成极小的矾花颗粒，即所谓的絮凝核。此时水分子热运动作用在水中胶体颗粒和混凝剂水解产物上的强度，远远大于机械作用施加在胶体上的强度，因此，在这个阶段机械作用是不起作用的。低温、低浊时，由于水温低，水分子热运动微弱，并且水中胶体颗粒很少，故此胶体颗粒在水分子热运动拖动下，与混凝剂水解产物以及胶体颗粒自身的接触、碰撞比较困难，絮凝核难以形成。而当小矾花颗粒形成以后，由于水温低，水的黏性系数大，其在水中运动时所受的阻力大，矾花颗粒之间的接触、碰撞概率比一般温度时大为减小。

为了克服低温、低浊时混凝初始反应难以进行这一困难，可以使加药原水侧向流入，流出多级串联圆管，使水流在每一级圆管中产生同一个方向、持续旋转的涡旋，并把由此产生的涡旋称之为有序涡旋。

下面讨论这种水流中切向速度 W_θ 的分布。如果忽略水的黏性，这种流动将是无旋的，亦即有势的［证明过程见式（2-15）～式(2-18)］。在这样的水流中取一微元体，如图 2-7 所示。

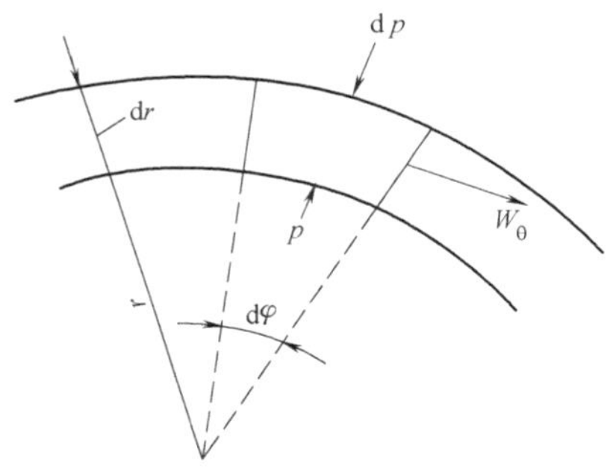

图 2-7　水中涡旋微元体示意图

该微元体上作用有两种力，其一是压力，其二是离心惯性力。显然离心惯性力与压力相互平衡。由此得

$$\frac{\partial p}{\partial r}=-\rho\frac{W_\theta^2}{r} \tag{2-14}$$

式中　p——计算点的压强；

r——计算点到涡旋中心的距离；

W_θ——计算点的切向速度；

ρ——水的密度。

由于上面所讨论的是理想流体、无自旋运动，故欧拉方程可沿

全流场积分，得

$$p+\rho\frac{W_\theta^2}{r}=C \tag{2-15}$$

上式中 C 为常数，下同。式（2-15）对 r 微分得

$$\frac{p}{r}=-\rho W_\theta\frac{W_\theta^2}{r} \tag{2-16}$$

由式（2-15）、式（2-16）得

$$\frac{\partial W_\theta}{\partial r}+\frac{W_\theta}{r}=0 \tag{2-17}$$

围绕图中微元面积的周界取速度环量得

$$\tau=W_\theta r\mathrm{d}\varphi-\left(W_\theta+\frac{W_\theta}{r}\mathrm{d}r\right)\times(r+\mathrm{d}r)\mathrm{d}\varphi$$

展开上式，略去高阶小量，并考虑式（2-17）得

$$\Gamma=-r\mathrm{d}r\mathrm{d}\varphi\left(\frac{W_\theta}{r}+\frac{W_\theta}{r}\right)=0$$

由此可以证明上面的无旋运动的假设是正确的，即水流靠外部区域为势流区。积分式（2-17）得

$$W_\theta r=C \tag{2-18}$$

由式（2-18）可知，当 $r\rightarrow0$ 时，$W_\theta\rightarrow\infty$ 是不可能的。实际上紧靠中心处水流的黏性起很大作用，因而形成类似于固体的旋转区，该区切向速度分布为

$$\frac{W_\theta}{r}=C \tag{2-19}$$

综合式（2-18）、式（2-19），可以归纳出切向速度分布为

$$W_\theta r^n=C \tag{2-20}$$

实际上，水流黏性是存在的，因此实际的速度分布不符合式（2-18）、式（2-19），而这种势流区也只能称为准势流区。通过对气体的试验可知，式（2-20）中的指数 $n=0.5\sim0.9$。即：

$$W_\theta r^n=W_\theta r^{(0.5\sim0.9)}=C \tag{2-21}$$

应该指出，水流靠外侧准势流区和靠中心似固区的指数 n 值是截然不同的。

距旋转中心为 r、半径为 r_0、密度为 ρ_s 的球形矾花颗粒，在旋转水流中所受的离心力为

$$F_s=\rho_s\frac{4}{3}\pi r_0^3\frac{W_\theta^2}{r} \tag{2-22}$$

颗粒还受到周围流体压力的作用，因压力与离心惯性力相平衡，与上述颗粒相同位置、相同形状、相同大小的水体所受离心惯性力为

$$F_w=\rho\frac{4}{3}\pi r_0^3\frac{W_\theta^2}{r} \tag{2-23}$$

上式中 ρ 为水的密度。上述球形矾花颗粒所受离心惯性力的合力为

$$F=F_s-F_w=(\rho_s-\rho)\frac{4}{3}\pi r_0^3\ \frac{W_\theta^2}{r} \tag{2-24}$$

单位质量矾花颗粒所受净离心惯性力 f（即离心加速度 a）为

$$f=a=\frac{\rho_s-\rho}{\rho_s}\times\frac{W_\theta^2}{r} \tag{2-25}$$

该矾花颗粒在径向运动时所受阻力，可按球体绕流阻力来计算，即

$$F_d=C_d\pi r_0^2\ \frac{\rho v^2}{2} \tag{2-26}$$

式中　C_d——球体绕流阻力系数；

v——球形矾花颗粒径向运动时与水流的相对速度。

由式（2-25）可知，不论是大颗粒，还是小颗粒，单位质量矾花颗粒所受离心力均相同，因为式（2-25）与颗粒半径 r_0 无关。由式（2-26）可求出单位质量球形矾花颗粒径向运动所受阻力为

$$f_D=\frac{3C_d\rho v^2}{8\rho_s r_0} \tag{2-27}$$

由式（2-27）可知，单位质量球形矾花颗粒在径向运动所受阻力，是大颗粒小，小颗粒大。上面的讨论是针对球形颗粒进行的，但该结论对非球形颗粒也适用。

矾花颗粒在离心力作用下径向运动开始时，由于 $W_\theta v$ 大，而 v 小，故为加速运动。随着运动时间的增加，径向速度不断增加，阻力也不断增加；而随着颗粒的径向运动，由式（2-21）可知水流切向速度 W_θ 随之减少，作用在颗粒上的离心力也在减少，径向加速度也在减少，到某一时刻离心力与阻力相等，此时所对应的速度称为矾花颗粒径向运动的极限速度。

由式（2-25）可求出矾花颗粒在 t 时刻的径向速度

$$v=\int_0^t\frac{\rho_s-\rho}{\rho_s}\times\frac{W_\theta^2}{r}\mathrm{d}t \tag{2-28}$$

式中　t——从开始作径向运动起计算的时间。

由式（2-20）和式（2-28）得

$$v=\int_0^t\frac{\rho_s-\rho}{\rho_s}\times\frac{W_\theta^2}{r}\mathrm{d}t=\int_0^t C^2\ \frac{\rho_s-\rho}{\rho_s}r^{-2n-1}\mathrm{d}t$$

上式对积分上限求导得

$$\frac{\mathrm{d}v}{\mathrm{d}t}=C^2\ \frac{\rho_s-\rho}{\rho_s}r^{-2n-1} \tag{2-29}$$

因为

$$v=\frac{\mathrm{d}r}{\mathrm{d}t} \tag{2-30}$$

由式（2-29）和式（2-30）两式可得

$$\frac{1}{2}\mathrm{d}v^2=C^2\frac{\rho_\mathrm{s}-\rho}{\rho_\mathrm{s}}r^{-2n-1}\mathrm{d}r \tag{2-31}$$

假设 r_1、r_2分别为矾花颗粒运动某一初始时刻与任意时刻距转动中心的距离，以它们为上下限对式（2-31）积分得

$$v^2=\frac{C^2}{n}\frac{\rho_\mathrm{s}-\rho}{\rho_\mathrm{s}}(r_1^{-2n}-r_2^{-2n}) \tag{2-32}$$

把式（2-20）代入上式得

$$v^2=\frac{\rho_\mathrm{s}-\rho}{\rho_\mathrm{s}}(W_{1\theta}^2-W_{2\theta}^2) \tag{2-33}$$

上式中 $W_{1\theta}$、$W_{2\theta}$分别为对应于 r_1、r_2处的水流速度。把式（2-33）代入（2-27），并考虑式（2-20），可得单位质量矾花颗粒所受阻力用切向速度表达的公式

$$f_\mathrm{D}=\frac{3C_\mathrm{d}(\rho_\mathrm{s}-\rho)}{8\rho_\mathrm{s}r_0}(W_{1\theta}^2-W_{2\theta}^2) \tag{2-34}$$

把 r_2与其相应的 $W_{2\theta}$数值代入式（2-20）和式（2-25），得单位质量矾花所受离心力用切向速度表达的公式为

$$f=(C)^{\frac{1}{n}}\frac{\rho_\mathrm{s}-\rho}{\rho_\mathrm{s}}-W_{2\theta}^{(2-\frac{1}{n})} \tag{2-35}$$

由式（2-34）、式（2-35）可以看出，当达到离心力与阻力相等之后，离心力是以不足于 W_θ的二次幂减少，而阻力是以 W_θ的二次幂减少，即阻力减少的速度快，离心力减少的速度慢，所以当达到阻力与离心力相等时刻后，矾花颗粒的径向运动随离心力的减少而减速。

2.3.3　有序涡旋混凝动力学

由式（2-25）可以看出，无论矾花颗粒大小，单位质量矾花所受的离心力均相同。由式（2-27）可以看出，单位质量矾花颗粒在径向方向运动中所受阻力是大矾花颗粒小，小矾花颗粒大。因此，在离心力作用下，大矾花颗粒运动速度快，小矾花颗粒运动速度慢。式（2-27）同样适用于切向运动，即矾花颗粒在进行切向（圆周）运动时，亦是大矾花颗粒运动速度快，小矾花颗粒运动速度慢。实际上，在上述设备中矾花颗粒是在做螺旋运动，既有切向运动，又有径向运动。由于大颗粒速度快，小颗粒速度慢，所以不论是径向运动还是切向运动，较大的颗粒都能追上一些较小的颗粒，为不同矾花的接触、碰撞提供了条件。同时，由于越靠近管壁，切向速度越小，所以径向进入新区的矾花颗粒，由于惯性作用，其切向速度大于新区的切向速度，其径向速度也大于新区的径向速度，这样就增加了径向进入新区的矾花颗粒与新区矾花颗粒接触、碰撞的概率。

还要特别强调的是，由于水流沿着同一方向持续地旋转，在连续不断的离心力作用下，使矾花颗粒向管壁侧密集，颗粒浓度变大，这一作用对混凝有极大的促进。如果这种情况发生在矾花颗粒长大到不能被水分子热运动拖动之前，这就为被水分子热运动拖动的胶体颗粒、混凝剂水解产物以及极小的矾花颗粒的碰撞，提供了极为有利的条件。如果这种情况是发生在矾花颗粒长大到 4～5μm 之前，由于矾花颗粒的增密，为径向进入新区的矾花颗粒与新区矾花颗粒的接触、碰撞提供了非常有利的条件。矾花颗粒的这种增密作用可用下面的增密时间因子 T_ρ 来衡量。T_ρ 定义为管子半径（$d/2$）除以用平均切向速度 u 计算出的离心加速度，再除以水流在该设备中的停留时间 t，即

$$T_\rho=\frac{\left(\frac{d}{2}\right)}{\frac{u^2}{\left(\frac{d}{2}\right)}t}=\frac{d^2}{4u^2t} \tag{2-36}$$

T_ρ数值越小，则颗粒靠管壁侧增密作用越强；T_ρ数值越大，则颗粒靠管壁侧增密作用越弱。

由上述讨论可以看出，此提及的混凝反应动力学因素，都是随离心力的增加而增强，而在混凝反应开始时离心作用最强。这可由式（2-26）除以矾花颗粒的体积，求得的单位体积矾花颗粒所受离心力 f_{VD}看出，即

$$f_{VD}=(\rho_s-\rho)\frac{W_\theta^2}{r} \tag{2-37}$$

由于矾花颗粒越大，其密度越小，所以在混凝反应开始时，ρ_s最大，f_{VD}亦最大。

在形成有序涡旋的旋转水流中，流动分为两个区：靠近旋转中心的似固区；靠外侧的准势流区。似固区水流切向速度 W_θ随半径增大而增加；准势流区水流切向速度随半径增大而减少。矾花颗粒在准势流区中是做螺旋运动的，由于单位质量大的矾花颗粒阻力小，小矾花颗粒阻力大，所以大矾花颗粒运动速度快，小颗粒运动速度慢，这一速度差为矾花颗粒的接触、碰撞与混凝提供了条件。尤其是持续离心作用引起准势流区外侧矾花颗粒的增密作用，更加速了这一混凝过程的进行，而且所有这些现象都在混凝反应的初期最为强烈，故此旋转水流用于初始混凝反应最佳。采用能够产生出众多涡旋的初级混凝设备将会是非常有效的。它可以有效地克服低温、低浊时，混凝的初始反应很难进行这一问题。

2.3.4 混合长度与微涡旋尺度

早在 1686 年，牛顿首先指出：当液体内部各层间发生相对运

动的时候将产生内摩擦力，这个理论又简化为：液体内部的切应力与流速梯度成正比：

$$\tau_{\mathrm{m}}=\mu\frac{\mathrm{d}\bar{u}}{\mathrm{d}y} \tag{2-38}$$

布辛涅斯克于 1887 年提出了紊动交换系数的概念，提出紊流应力作用和黏性应力作用相似的假设，认为局部的紊流应力与平均速度梯度成正比：

$$\tau_{\mathrm{n}}=A\frac{\mathrm{d}\bar{u}}{\mathrm{d}y} \tag{2-39}$$

式中的 A 仿照分子动力黏滞系数 μ 称作紊动动力黏滞系数。将此值除以液体密度 ρ，则仿照运动黏滞系数而写成：

$$\nu_{\mathrm{n}}=\frac{A}{\rho} \tag{2-40}$$

式中，ν_{n} 可称为紊动运动黏滞系数。

1925 年，普朗特引用分子扩散概念求得的紊动切应力公式为：

$$\tau_{\mathrm{n}}=\rho l^{2}\left(\frac{\mathrm{d}\bar{u}}{\mathrm{d}y}\right)^{2}=\rho l^{2}\left|\frac{\mathrm{d}\bar{u}}{\mathrm{d}y}\right|\frac{\mathrm{d}\bar{u}}{\mathrm{d}y} \tag{2-41}$$

式中，l 为普朗特混合长度，由式（2-41）可得：

$$l=\sqrt{\frac{\tau_{\mathrm{n}}}{\rho}}\Big/\frac{\mathrm{d}\bar{u}}{\mathrm{d}y} \tag{2-42}$$

比较式（2-39）、式（2-40）和式（2-41）的关系可以写出：

$$A=\rho l^{2}\left|\frac{\mathrm{d}\bar{u}}{\mathrm{d}y}\right| \text{或} v_{\mathrm{n}}=l^{2}\left|\frac{\mathrm{d}\bar{u}}{\mathrm{d}y}\right| \tag{2-43}$$

如果用布辛涅斯克的紊流黏性理论来解释紊流平均动能方程中各项物理含义可知：紊流应力和黏性应力在单位质量上所做功之比等于紊流黏性系数与分子黏性系数之比。若紊流黏性与分子黏性具有相同特征时，紊流应力与黏性应力具有相同的数量级。根据能谱理论分析，紊流运动进入普遍平衡区时，由于小涡旋的产生和增多，黏滞性影响开始加强，当发展到最小涡旋时，处于高波数域时的紊流特性更接近于层流特征，此时紊流应力与黏性应力具有相同的数量级：

$$\tau_{\mathrm{n}}=A\frac{\mathrm{d}\bar{u}}{\mathrm{d}y}\approx\tau_{\mathrm{m}}=\mu\frac{\mathrm{d}\bar{u}}{\mathrm{d}y} \tag{2-44}$$

亦即剪切紊流中出现局部各向同性紊流时：

$$A\approx\mu \text{或} \nu_{\mathrm{n}}\approx\nu \tag{2-45}$$

式中，ν 为分子运动黏滞系数。

普朗特混合长度关系式本身就是引用分子扩散概念导得的，可以认为，普朗特混合长度公式是迄今从数量上较为简明地反映紊流微结构特征的关系式，该式将脉动场微结构尺度与时均场流速梯度巧妙地联系起来。

在混凝动力学领域，坎布（Camp）和斯坦因（Stein）于1943年发表了一个最基本的理论公式：

$$G=\frac{d\bar{u}}{dy}=\left(\frac{\varepsilon}{\mu}\right)^{1/2} \tag{2-46}$$

式中，G 为流速梯度，它的数量是施加在单位水体上的功率 ε 和流体的动力黏滞系数 μ 的函数。式（2-46）也是接近层流条件下推导出来的。

将式（2-45）、式（2-46）代入式（2-42）可直接导出普朗特混合长度的另一种表达形式：

$$l^2=\frac{\mu}{\rho\times\frac{d\bar{u}}{dy}}=\frac{\nu}{\frac{d\bar{u}}{dy}}=\frac{\nu}{G}=\frac{\nu}{\left(\frac{\varepsilon}{\mu}\right)^{1/2}} \tag{2-47}$$

上式两边平方得：

$$l^4=\frac{\nu^2}{\frac{\varepsilon}{\mu}}=\frac{\nu^2\mu}{\varepsilon}=\frac{\rho\nu^3}{\varepsilon} \tag{2-48}$$

于是，有：

$$l=\left(\frac{\rho\nu^3}{\varepsilon}\right)^{1/4} \tag{2-49}$$

式（2-49）还可由式（2-38）、式（2-44）以等式关系代入式（2-41）导出，过程如下：

$$l^2=\left(\frac{\tau}{\rho}\right)\Big/\left(\frac{d\bar{u}}{dy}\right)^2=\frac{\mu G}{\rho G^2}=\frac{\nu}{G} \tag{2-50}$$

将上式两边平方得：

$$l^4=\left(\frac{\nu}{G}\right)^2=\frac{\nu^2}{\varepsilon/\mu}=\frac{\rho\nu^3}{\varepsilon} \tag{2-51}$$

故得：

$$l=\left(\frac{\rho\nu^3}{\varepsilon}\right)^{1/4}$$

此关系式即为混凝动力学中常用的涡旋微尺度：

$$\lambda_0=\left(\frac{\rho\nu^3}{\varepsilon_0}\right)^{1/4} \tag{2-52}$$

式中，ε_0 为混凝有效能消耗率，它与式（2-46）中施加在单位水体上的能量耗散率 ε 之比可称为混凝设备对输入能量的有效利用率：

$$\alpha=\frac{\varepsilon_0}{\varepsilon} \tag{2-53}$$

提高输入能量有效利用率和混凝设备容积有效利用率是试图提高混凝效率的根本出发点，也是工程应用研究的实质性问题。式（2-52）中的 λ_0 亦称紊流内部尺度或称涡旋临界尺度，也是柯尔莫哥洛夫（Kolmogoroff）微尺度。柯氏认为：当紊流发展到最小涡旋特征波数 K_d时，涡旋的惯性作用与黏性作用相平衡。即剪切紊流发展中已达到了所谓局部各向同性紊流，这种紊流中的小涡旋处于惯性区向黏性区过渡的临界状态，所具有的惯性力与摩擦力（黏滞力）之比等于 1，即$Re_w=\frac{\lambda W_\theta}{\nu}=1$，也就是供给紊流的脉动能量（扩散能量）与消耗的能量处于平衡状态。柯氏还假设在 K_d波数涡旋的耗散强度等于紊流耗散强度。因此，柯尔莫哥洛夫提出紊流中最小涡旋的平均尺度 $\lambda_0=\left(\frac{\rho\nu^3}{\varepsilon_0}\right)^{1/4}$。式中，$\lambda_0$值的物理意义，柯氏虽然没有明确指出，实际却赋予了它波长性质。因为波数的倒数为波长。柯氏的上述理论被混凝动力学引用来解释作为能促进凝聚现象的正是波长为 λ_0这个临界状态的微涡旋。混凝动力学机理要求紊流微尺度 λ_0与微粒（凝聚体）粒度 d 的数量级保持相近。所以，在混凝设备中，根据絮凝粒径成长的发展趋势，沿程分段控制 λ_0与颗粒粒径 d 相近的数量级，这就是对颗粒碰撞聚集最有效的紊流结构，也可作为控制混凝设备沿程输入能量的主要理论依据，即在混凝过程中控制不同尺度的微涡旋尺度，实际上就是控制各阶段的输入能量能级的大小。如果忽略波数较低区域内的能量消耗，则以波数较低一端进入普遍平衡区的能量流 ε 实际上也就等于在黏性影响下的能量损耗。所以，按波长等于 λ_0这种紊流结构对应的能量指标 ε 或 G 值，在混凝设备中进行合理的分配和控制，根据矾花逐渐长大的资料，按照与其相近的紊流波长 λ_0，可计算出混凝设备各阶段相应的输入能量。

2.3.5 关于速度梯度公式的讨论

按照坎布和斯坦因的观点，在一般情况下，速度梯度越大则混凝效果越好。坎布又提出用速度梯度与混凝时间乘积构成的坎布准数 GT 来判断絮凝条件。坎布准数比速度梯度更全面，它不仅包括速度梯度的大小，而且包括了混凝时间。应该指出速度梯度公式（2-36）是在层流条件下求得的，原则上不适用于紊流。此外，也有学者认为当雷诺数足够大时，紊流进入能谱的普遍平衡区，由于小涡旋的产生和增多，黏性影响开始加强；当发展到最小涡旋时，处于高波数域时（即局部各向同性紊流时）紊流切应力与黏性切应力具有相同的数量级，故此可用式（2-36）计算紊流的速度梯度。我们认为这里有两点是不恰当的，其一是当雷诺数很大时，在 $r<L$（L 为紊动积分比例尺）的微小区域内，紊流的局部各向同性条件在有时均速度梯度的剪切流中也同样能得到满足。柯尔莫哥洛夫的小涡旋自身相似理论中提出的假说：当雷诺数足够大时有一个大波

数区，在这个大波数区内紊动处于统计平衡状态，紊流性质单值决定于单位质量流体的耗散能 ε 与流体的运动黏性系数 γ 仍有效。但紊流脉动能量的谱函数是连续的（图 2-8），其脉动能量不完全都集中在大波数区，有的在小波数区和载能波数区，其中以载能波数区的脉动能量最多。只有达到最小波数的特征值 K_d 时，涡旋的黏性作用与惯性作用相平衡，柯氏求出的最小涡旋的特征尺度 $\lambda_0=\left(\frac{\gamma^3}{\varepsilon}\right)^{1/4}$ 才适用。因此，认为整个紊流中惯性力与黏性力相等是不恰当的。其二，涡旋越小其黏性作用越强，能量损耗越大，当涡旋最小时，惯性力与黏性力相当，其速度梯度与层流的速度梯度极其相近。但最小涡旋的位置与轴向是随机的，因此涡旋速度梯度无法测得，只能测得涡旋群联合作用的结果，即点的流速脉动。最小涡旋本身的速度梯度与流场时均速度梯度完全是两回事，在紊流情况下，后者远远小于前者。综上所述，坎布的速度梯度公式不能用于紊流，也就是说按照式（2-46）算出的不是紊流的真正速度梯度。但式（2-46）中包含有作用于单位水体上的功率 P，它反映了机械搅拌强度。搅拌时水中的矾花颗粒做螺旋运动，P 越大则其离心作用越强，矾花颗粒在边壁侧密集作用越强，较大的矾花颗粒在进行径向和切向运动时追上较小的矾花颗粒的概率越大，同时径向进入新区的矾花颗粒与新区中矾花颗粒接触、碰撞的概率越大。所以，尽管式（2-46）算出的不是紊流的真正速度梯度，但其 G 值仍能用以判断搅拌情况下混凝的水力条件。

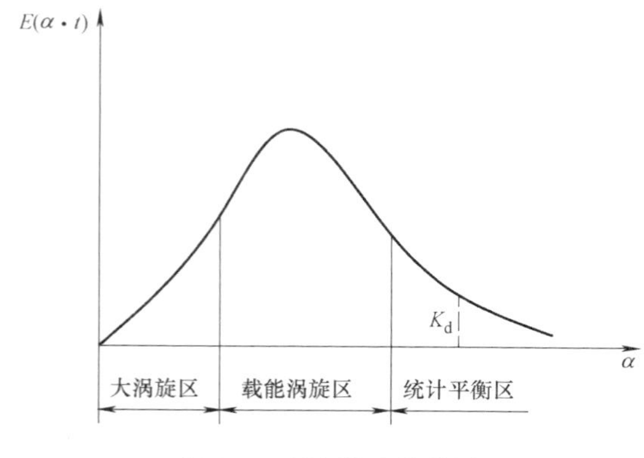

图 2-8　紊流脉动能谱图

对于非机械搅拌式（2-46）则无能为力，特别是采用网格反应器的情况下。如果采用小网眼，则在网格后面一定距离处，紊流发展为各向同性，其时均速度梯度为零，即 $\frac{d\bar{u}}{dx}=0$，理论上来讲，此处的混凝效果应最差，但实践证明，其混凝反应效果却很好。由此可见，速度梯度理论是有很大局限性的，因为速度梯度理论是以层流为基础得出的，而絮凝池中的流态为紊流。此外，传统絮凝控制指标中的 GT（$10^4 \sim 10^5$）值幅宽过大，絮凝池均能轻松满足此条件，其往往失去了控制意义。因此，需要建立新的、更完善的、普遍适用的混凝动力学理论。

2.3.6 紊流涡旋混凝动力学

人们把柯尔莫哥洛夫的微涡旋理论应用于混凝动力学的研究中，提出当矾花颗粒直径与按式（2-52）算出的最小涡旋特征尺度相近时，混凝效果最佳。但该理论并未根据动力学观点，从成因上对混凝反应的动力学机理进行明确解释，因此在工程上也就不能有效地使用这一理论来设计出更加完善的混凝反应设备。

实际上紊流中存在的涡旋大小、轴向都是随机的，其相对运动速度也是随机变化的，它不断地产生、发展、衰减，最终消失。大尺度涡旋（小波数涡旋）破坏后形成较小尺度的涡旋（波数较大的涡旋），较小尺度的涡旋形成更小的涡旋，由于这些涡旋在紊流内作随机运动，不断地平移和转动，使得紊流各点速度随时间不断地变化，形成流速的脉动，也即紊流是由连续不断的涡旋运动造成的。紊流在惯性作用下，大尺度涡旋分裂成小尺度再分裂成更小尺度的涡旋，其紊动能量也由大尺度涡旋逐级地传递给小尺度涡旋。

涡旋半径越大其惯性作用越强，黏性作用越小，甚至可以完全忽略，其速度梯度很小；涡旋半径越小，则反之，当达到最小涡旋特征尺度 λ_0时，涡旋的速度梯度很大。另一方面，涡旋越小，旋转半径也越小，其离心作用越强。微小涡旋，由于离心作用强，矾花颗粒径向离心加速度大，运动快，速度梯度也大，即越靠近中心切向速度越小，越靠近涡旋外侧切向速度越大。在离心惯性作用下，沿径向进入新区的矾花颗粒的切向速度小于新区中原矾花颗粒的切向速度，这一速度差以及持续离心作用造成的涡旋外侧矾花颗粒的增密作用，为径向进入新区的矾花颗粒与原运动的矾花颗粒的接触、混凝提供了条件。对于大尺度涡旋而言，由于其离心作用微弱，速度梯度小，其产生的混凝作用很小。因此，在紊流中若能有效地消除大尺度涡旋，增加微小涡旋的比例，就能有效地提高混凝效果。

在混凝反应的流道上设置多层网格反应设备就可具备上述功能。紊动水流流过网格之后，由于惯性作用，使大尺度的涡旋破碎变成较小尺度的涡旋和小涡旋，如果网眼较小，在其后一定距离处形成各向同性紊流，其时均速度梯度为零。由脉动能量方程可知，水流流过网格获得能量后，沿程再没有可能获得能量，因此这种各向同性紊流，紊动能量处于衰减中，涡旋也处于衰减中。故在流道上设置多层网格能有效地消除大尺度涡旋，增加微涡旋的数量，而且设置多层网格比设置阻力相同的单层密网眼网格效果更好。水流中的紊流度 ε'定义为三个方向脉动速度均方值的相对数值，即：

$$\varepsilon'=\frac{\sqrt{\frac{1}{3}(v'^2_x+v'^2_y+v'^2_z)}}{v} \tag{2-54}$$

式中 ε'——流场中某点的紊流度（无因次）；

v'_x、v'_y、v'_z——该点沿 x、y、z 三个方向的脉动速度；

v——该点沿水流方向的时平均流速。

紊流中的紊流度和涡旋尺度大小有直接关系，通常涡旋尺度越大，紊流度也越高。如果以 K 表示单层网格水头损失系数，以 σ_1、σ_2 分别表示一层网格前、后脉动速度的均方根（即 $\sigma=\sqrt{\frac{1}{3}(v'^2_x+v'^2_y+v'^2_z)}$，根据近似理论，经过一层网格后脉动速度的变化为

$$\frac{\sigma_2}{\sigma_1}=\frac{1}{(1+K)^{1/2}} \tag{2-55}$$

由式（2-55）可以看出 $\sigma_2<\sigma_1$。根据式（2-54）可知，由于主流时平均速度不变，故此经过网格后其紊流度降低了。设有 n 层疏网格，每层损失系数为 K_1，则水流经过 n 层疏网前后的紊流度变化为：

$$\left[\frac{\sigma_2}{\sigma_1}\right]_{\text{sparse}}=\frac{1}{(1+K_1)^{n/2}} \tag{2-56}$$

另有一层密网，其损失系数为 K_2，若保持 $K_2=nK_1$，则水流经过该层密网后的紊流度变化为：

$$\left[\frac{\sigma_2}{\sigma_1}\right]_{\text{dense}}=\frac{1}{(1+K_2)^{1/2}} \tag{2-57}$$

由于 $K_2=nK_1$，故：

$$\left[\frac{\sigma_2}{\sigma_1}\right]_{\text{dense}}=\frac{1}{(1+K_2)^{1/2}}=\frac{1}{(1+nK_1)^{1/2}} \tag{2-58}$$

显然

$$(1+K_1)^{n/2}\geqslant(1+nK_1)^{1/2} \tag{2-59}$$

对比式（2-56）和式（2-58），根据式（2-59）可知 $\left[\frac{\sigma_2}{\sigma_1}\right]_{\text{sparse}}<\left[\frac{\sigma_2}{\sigma_1}\right]_{\text{dense}}$，由此可以看出，通过 n 层疏网格后水流的脉动速度要比通过同一阻力的一层密网格更小一些，即水流通过 n 层疏网格后水流的紊流度要比通过同一阻力的一层密网格更小一些，其涡旋尺度也较后者小，紊流的无效耗散能也就更少一些，因此在絮凝池中设置多层网格可以产生出较多的小涡旋，也可以更有效地利用现有水头压能。

设置多层网格对形成密实的、不易破碎的矾花，消除极小颗粒矾花的比例均有好处。因为经过多层网格的惯性作用与扰动，松散的大矾花不断地被破碎，限制了矾花颗粒的不合理长大。矾花颗粒越大，其密实度越差，强度亦越差。同时，若矾花不合理地长大，其总表面积急骤衰减，影响了尚未反应完善的小颗粒混凝反应的继续进行，从而导致不能被沉淀池与滤池截留的极小尺度的颗粒比例增加，严重影响了混凝效果。

综上所述，Camp-Stein 混凝动力学的速度梯度公式是在层流条件下求得的，严格地讲它不适用于水处理构筑物的紊流状态，由此公式算出的结果远不是紊流的速度梯度，但在机械搅拌情况下，它反映了水流圆周运动强度与离心作用的大小，故可用 G 值判断机械搅拌情况下混凝反应的水力条件。而网格反应池或折板反应池中，矾花颗粒在水中的混凝是由小涡旋运动造成的，为了提高混凝反应的效率，从动力学观点来看就是要增加紊流中小涡旋的比例。

2.4　絮凝的动力致因与涡旋絮凝相似准则数

有人认为湍流中颗粒碰撞是由湍流脉动造成的，这种认识不很确切。实际上湍流并不存在脉动，所谓的脉动是由于所采用的研究方法造成的。流体力学传统采用的研究方法是欧拉法，即在固定的空间点观察水流运动参数随时间的变化，这样，不同时刻就有不同大小的湍流涡旋的不同部位通过固定的空间点，因此测得的速度呈现强烈的脉动现象。如果跟随水流质点一起运动去观察，就会发现水流质点的速度变化是连续的，根本不存在脉动。水是连续介质，水中的速度分布是连续的，水中两个质点相距越近其速度差越小，当两个质点相距为无穷小时则无速度差。一般来讲，絮凝池中的颗粒尺度非常小、比重又与水相近，故在水流中的跟随性很好，随水流同步运动，因此没有速度差颗粒之间就不会发生碰撞。可见要想使水流中颗粒相互碰撞，产生絮凝作用，就必须使其与水流产生相对运动，这样水流就会对颗粒运动产生水力阻力。

2.4.1　絮凝的动力致因

根据式（2-27）可知，不同尺度颗粒所受水力阻力不同，并因此产生了速度差，这一速度差为相邻不同尺度颗粒的碰撞提供了条件。如何让水中颗粒与水流产生相对运动？最好的办法是改变水流的速度。因为水的惯性（密度）与颗粒的惯性（密度）不同，当水流速度变化时它们的速度变化（加速度）也不同，这就使得水与水体中的固体颗粒产生了相对运动，从而为相邻不同尺度颗粒的碰撞提供了条件。此即为惯性效应理论，是混凝的动力学致因。

改变速度的方法有两种：①改变水流的时平均速度大小。微絮凝作用主要就是利用水流的时平均速度变化造成的惯性效应来进行絮凝的。②改变水流方向。因为湍流中充满着大大小小的涡旋，因此水流质点在不断地改变运动方向，在离心惯性力作用下固体颗粒沿径向与水流产生相对运动，为不同尺度颗粒沿湍流涡旋的径向碰撞提供了条件。不同的尺度颗粒在湍流涡旋中单位质量所受离心惯性力不同，这将增加其径向碰撞的概率。下面讨论这个问题，在湍流涡旋中取一个小的脱离体，显然沿径向作用在脱离体上的作用力有两种，一是离心力、二是压力的合力，两者相平衡。如果把坐标原点取在运动的涡旋中心，则

$$\frac{\partial p}{\partial r}=-\rho\frac{W_\theta^2}{r}$$

上述公式中的符号意义见式（2-14)，公式左侧为作用在脱离体上的压力合力，右侧为脱离所受的离心惯性力。与脱离体同一位置处的固体颗粒单位质量所受的净离心力为

$$f=\frac{\rho s-\rho}{\rho s}\times\frac{W_\theta^2}{r}$$

上述公式符号意义见式（2-25)。固体颗粒所受的水力阻力即为液体对其拖动力。而固体颗粒单位质量所受的水力阻力随颗粒尺度增大而减少，即颗粒尺度越大单位质量所受拖动力越小、跟随性越差，其速度与液体的速度差别越大，单位质量所受离心力越小。这样，必然会存在一种特定的湍流涡旋，该涡旋中颗粒直径 D_c 所受的离心力与压力合力正好相等；当颗粒尺度小于 D_c 时颗粒在离心力作用下沿涡旋径向向外侧运动；当颗粒直径大于 D_c 时颗粒在压力作用下向涡旋内侧运动。这种作用加大了不同尺度颗粒沿径向碰撞的概率。

颗粒沿涡旋径向碰撞的概率随涡旋的离心惯性力的加大而加大。若以 λ 表示涡旋尺度的特征值，v_λ 表示涡旋速度的特征值，则涡旋雷诺数 $Re_w=\lambda v_\lambda/\gamma$，式中 γ 为水的运动黏滞系数。涡旋雷诺数表示涡旋的惯性力与黏性力之比，当两者相等时涡旋尺度特征值 λ_0 满足 $Re_w=\lambda_0 v_\lambda/\gamma=1$。

当涡旋尺度 $\lambda>\lambda_0$ 时，涡旋中的惯性力是主要的，黏性力可略去，此时涡旋中速度的特征值 v_λ 主要与水体的密度 ρ、涡旋尺度 λ 及水体能耗 ε 有关，三者组成速度因子 $\left(\frac{\varepsilon\lambda}{\rho}\right)^{1/3}$，具有速度因次，可以认为 v_λ 的量级由这一速度因子决定，表示为

$$v_\lambda\sim\left(\frac{\varepsilon\lambda}{\rho}\right)^{1/3} \tag{2-60}$$

而当 $\lambda<\lambda_0$ 时，涡旋中黏性力起主要作用，此时应用运动黏滞系数 γ 与 λ 形成速度因子，故

$$v_\lambda \sim \left(\frac{\gamma}{\lambda}\right) \tag{2-61}$$

当 $\lambda > \lambda_0$ 时，涡旋的特征周期 T_λ 只与 λ、ρ、ε 有关，其量级由三者形成的时间因子 $\left(\frac{\rho\lambda^5}{\varepsilon}\right)^{1/3}$ 来决定，即

$$T_\lambda \sim \left(\frac{\rho\lambda^5}{\varepsilon}\right)^{1/3} \tag{2-62}$$

涡旋的速度特征值

$$v_\lambda \sim \frac{\mathrm{d}\lambda}{\mathrm{d}T} \sim \frac{\lambda}{T_\lambda} \tag{2-63}$$

涡旋的加速度特征值

$$a_\lambda \sim \frac{\mathrm{d}v_\lambda}{\mathrm{d}T} \sim \frac{v_\lambda}{T_\lambda} \sim \left(\frac{\varepsilon^2}{\rho^2\lambda^4}\right)^{1/3} \tag{2-64}$$

在输入的有效混凝功率 ε 及水体密度 ρ 一定的情况下，涡旋的加速度（单位质量惯性力）随涡旋尺度减少而增加，即涡旋越小其惯性力越强，当涡旋尺度特征值达到 λ_0 时其加速度最大，惯性效应最强。由此可见湍流中的微小涡旋的离心惯性效应是絮凝的重要的动力学致因，在初期絮凝中 λ_0 量级的涡旋起了重要的作用。

由上述理论可以看出，如果能在絮凝池中大幅度地增加湍流微涡旋的比例，就可以大幅度地增加颗粒碰撞次数，有效地改善絮凝效果。这可以采用在絮凝池的流动通道上增设多层小孔眼格网的办法来实现（详见小孔眼网格絮凝原理一节）。

2.4.2　涡旋絮凝的相似准则数

要达到好的絮凝效果除有颗粒大量碰撞之外，还需要控制颗粒合理的有效碰撞，使颗粒凝聚起来。如果在絮凝中颗粒凝聚长大得过快，会出现两个问题：①矾花强度减弱，在流动过程中遇到强的剪切就会使吸附架桥被剪断，这种现象称之过反应现象，应该绝对禁止；②矾花比表面积急剧减少，一些反应不完善的小颗粒与大颗粒碰撞概率急剧减小，很难再长大起来，不仅是沉淀池难以截留，也很难被滤池截留。絮凝池中矾花颗粒也不能长得过慢，因为长得过慢，矾花虽然密实，但还有很多颗粒没有长到沉淀尺度，出水水质也不会好。可见，在絮凝池设计中应控制矾花颗粒的合理长大。这取决于混凝水解产物形成吸附架桥的联结能力与湍流剪切力，这两个力的对比关系决定了矾花颗粒的尺度与密实度。吸附架桥的联结能力是由混凝剂性质决定的，而湍流的剪切力是由构筑物创造的流动条件所决定的。如果在絮凝池的设计中能有效地控制湍流剪切力，就能从水动力学方面保证絮凝效果。

应该指出，水处理领域内流动的动力相似并没有真正建立起

来。很多小试、中试的试验结果在生产试验上无法重现，甚至完全失真。这其中的根本原因是由于尺度放大后其流态发生了变化，甚至是根本的变化。由于对其决定性的动力学因素认识不清，不知控制什么样的动力学因素，故不能真正建立起水处理工艺中的动力相似。由上面的讨论看到，湍流剪切力是絮凝过程中的控制动力学因素，如果在大小两个不同的絮凝工艺中其湍流剪切力相等，那么具有同样联结强度的矾花颗粒可以在两个不同尺度的絮凝过程中同时存在，这也就实现了两个絮凝过程的相似。湍流剪切力是由湍流涡旋造成的，显然涡旋尺度越小、涡旋强度越大，涡旋对矾花的剪切作用越强。这里所说的涡旋尺度可用均匀各向同性湍流中涡旋尺度统计特征物理量——涡旋积分比尺代表，可以认为它是湍流中最大涡旋的特征尺度。它主要取决于流动空间尺度与流动速度两个因素，流动空间越大，涡旋尺度越大；在同一空间尺度下流动速度越大，涡旋尺度越小。由此可以近似认为湍流剪切力与流动空间尺度成反比，与流动速度成正比。而涡旋强度与流动速度成正比，其关系可表示如下：

$$F \sim \frac{v^2}{L} \tag{2-65}$$

式中 F——湍流剪切力；

v——水流的特征速度；

L——流动空间特征尺度。

这样湍流剪切力的大小可用上面两个宏观物理量组成的弗罗德数 $Fr=\frac{v^2}{gL}$ 近似确定。实际上 Fr 是相似准则数，它表明了水流中惯性力与重力的对比，在地表面重力是一个常数，因此 Fr 表明了惯性力大小。显然，在一个固定的空间中惯性力越大其湍流剪切力越大，所以 Fr 表明湍流剪切力的大小。两个尺度不同的絮凝过程中当其 Fr 相等时，其湍流剪切力就基本相等，因此其絮凝效果就近似相似。这已为大量的小试、中试与生产试验所证实。

只控制 Fr 数相等并不能完全控制絮凝效果相似，因为湍流剪切力近似相等时两个不同的絮凝过程矾花联结强度虽然近似相等，但矾花的密实度与沉淀性能却不一定相同。矾花的密实度程度可用湍动度 ε' 控制，其计算公式见式（2-54）。

显然 ε' 值越大，表明在固定时间内流过固定空间点的涡旋数量越多，涡旋强度越大，矾花也越密实。实际上，ε' 值是决定湍流剪切力真正的相似准则。但在实际工程中是不可能测定 ε' 的，然而，当 Fr 相等时，尺度越大的絮凝池其水流速度也越高，矾花的碰撞强度越大，形成的矾花越密实，这已为试验与生产实践所证实。这样就可以保证把小尺度的试验结果按照 Fr 相等来放大，放大后的絮凝效果会更好、更可靠。因此，可采用 Fr 作为絮凝动力学的相似准则数。

2.5　小孔眼网格絮凝理论

2.5.1　网格絮凝工作原理

在网板反应池中，当水流绕过非线性圆柱体（网条）时，由于发生边界层分离现象，在圆柱体后部两侧产生涡旋。涡旋长大到一定程度即从主体分离，顺流而下，随后又产生新的涡旋，在这样的柱尾流中便出现了两列平行排列而又互相交错的涡列。观测表明：柱后初始的涡旋大小基本上与柱体尺寸处于同一数量级。而涡旋尺度的变化直接与网格的尺度有关。水流中的涡旋尺度可以通过调整网条尺度的办法来控制，使其形成的絮体颗粒粒径接近于同一数量级，同时也可以根据絮体在反应过程中不断增大的规律来设计不同级的反应条件，提高反应效率。反应过程中控制涡旋的大小，是为了制造涡旋回转的需要。回转则能提高絮凝效率，宏观现象观测更能说明这个观点：河流中经常看见涡旋中的柴、草等漂浮物，绕着涡旋中心反复回转好多次，偶一瞬间才能“逃”出涡旋而进入下游。高效絮凝技术中，正是利用了小的絮体在不断的回转过程中，吸附碰撞更小的或更大的絮体生成大而重的絮体而与水分离，提高混凝效果。

将涡旋理论应用于絮凝之中，通过控制水流在反应器沿程形成的与絮体颗粒相近的微涡旋，改进现有的混凝技术，从而可以提高絮凝效果。

在絮凝过程中，脱稳微粒相互聚结而形成初级微絮体颗粒，可以利用速度梯度（G）来反映絮凝过程。每种反应方式都有一个最佳速度梯度值，这个值一般是一个范围，G 值过大剪切作用明显，破坏凝聚体；G 值过小，扩散强度弱，碰撞速度慢，又不足以推动初始粒子自旋，降低了凝聚体生成速度。絮凝池中的湍流中充满着大大小小的涡旋，它们不断地产生、发展、衰减与消失，大尺度涡旋破坏后形成较小尺度的涡旋，较小尺度涡旋形成更小的涡旋，其中的微小涡旋导致了颗粒碰撞、絮凝。微小涡旋最容易引起絮体的自旋。而直径大小合适的涡旋又能最大限度地保护生成的凝聚体不被破坏。20 世纪 80 年代，风行日本的迷宫反应池，正是利用了絮体自旋和絮体在涡旋中反复回转的原理。提高了混凝效率，提高了出水水质，才使其大面积被推广应用。

2.5.2　小孔眼网格絮凝池的结构

小孔眼网格絮凝池的构造，由上下翻腾的多格竖井（或往复流动的多流道）组合而成，在竖井（或水平流道）内设置多层小孔眼网格作为絮凝设备。各竖井间由孔洞相连，考虑到能耗以及与沉淀池水位的衔接，孔洞的流速逐级递减。如图 2-9 所示。

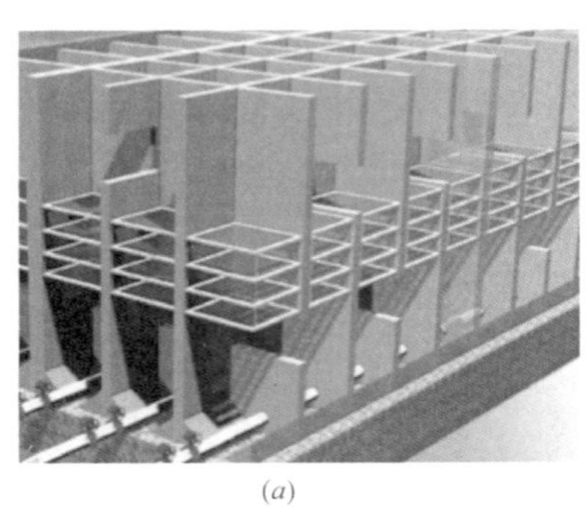
(a)

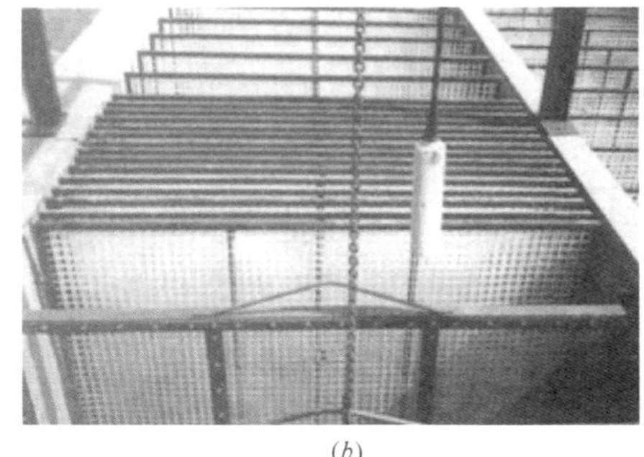
(b)

图 2-9　小孔眼网格絮凝池结构图
（a）翻腾式竖井网格池；（b）往复式多流道网格池

与其他絮凝设备相比，小孔眼网格絮凝池有如下特点：

（1）通过网格的扰流作用形成分布均匀的微旋涡紊流，水流中产生的微涡旋数量大幅度增加，为絮凝创造了有利条件。

（2）在全过程合理控制 ε' 值，保持了经济合理的能耗与水力状态。

（3）能充分利用较小的紊动能量，不需用另外的设备。

（4）絮凝时间短，从而可以节省基建费用。

（5）水头损失小，减少了提升泵站的能量消耗。

（6）药耗低，运行费用低，降低了制水成本。

2.5.3　小孔眼网格絮凝原理

根据紊流涡旋理论，当池中紊动的水流经过网格后，由于水流的惯性和网格的扰流作用，大尺度的涡旋很容易破碎为小尺度的涡旋，控制网眼的尺寸和网格板条的尺寸，就可以得到我们所希望的涡旋尺度，从紊动能耗上分析，设置多层网格，可以更有效地降低紊流的程度，增加微涡旋的比例。另一方面，多层网格的扰动，可以限制颗粒不合理的增大，有利于形成密实的不易破碎的矾花。所以，网格絮凝池设计的关键，就是根据絮凝体增大的规律，使不同阶段的紊动尺度 λ_0 能与之相近，为了达到这一目的，不仅网格的规格尺寸有相应的要求，还要适当通过人工手段，控制输入的能量。

通过在絮凝池的流动通道上科学地布设多层小孔眼网格，水流通过小孔眼网格时在格条两侧的后方各产生一系列众多的小涡旋，这些小涡旋相互碰撞形成更多更小的小涡旋，这样在网格后面涡旋尺度在迅速减小（衰减）、涡旋数量大幅度增加，从而在网格后面水流中造成高比例的微涡旋，微涡旋的离心惯性作用大幅度提高了颗粒碰撞概率和细部传质速率，同时由于过网水流的惯性作用，使得通过格网之后矾花变得更加密实且易沉淀，大大缩短了反应时间，一般 5～10min 即可较好地完成絮凝作用。小孔眼网格的絮凝原理可归纳如下：

（1）离心惯性絮凝。在限定水流速度的情况下，在断面不变的絮凝池水流通道上，设置小孔眼的网格，可增加水流中微涡旋的比例，涡旋半径越小，旋转半径也越小，其离心作用越强，这样凝聚颗粒粒径间离心加速度大，运动快，速度梯度也大，即越靠近涡旋中心切向速度越小，越靠近涡旋外侧切向速度越大。在离心作用下径向进入新区的凝聚颗粒具有惯性，使其切向速度小于新区中原凝聚颗粒的切向速度，这一速度差以及持续离心作用造成的涡旋外侧凝聚颗粒的增密作用，为径向进入新区的凝聚颗粒与原运动的凝聚颗粒的接触、粘附创造了条件。而大尺度涡旋，由于离心惯性作用弱，涡旋速度梯度小，因而混凝条件较差。此外，网格的设置可以不断改变水流在絮凝池中的速度，从而可以宏观上在短流程内增大速度梯度，促进絮凝。

（2）增加微涡旋比例。水流通过网格后，由于惯性的作用，可使紊流中大涡旋破碎成小涡旋和更小的涡旋，而且孔眼越小，形成的涡旋越小。在网格后面一定距离处形成均匀各向同性紊流。在这种流动状态下，脉动能量没有来源，处于衰减之中，涡旋也处于衰减之中，从而在网格后面的紊流中大幅度地增加了微涡旋的比例。

（3）增大絮凝体密实度。要形成密实的、光滑的、易于沉降的絮凝颗粒，必须在絮凝池中控制凝聚体合理、有效地碰撞、长大。在水流通道上设置多层小孔眼网格可使水流的紊流度比通过同一阻力的一层网格更好，同时通过凝聚颗粒不断碰撞、接触，凝聚颗粒粘结不牢部分被剪除。从而限制了凝聚颗粒的不合理长大，保证颗粒接触面积，增加凝聚颗粒的密实度。同时，由于微小涡旋随机卷动，使得凝聚颗粒接触结合以圆周形运动成型，最终形成的密实颗粒近似球形，这种形状的颗粒更易于在沉淀池中沿斜板（管）向下滑动。

（4）破除絮凝体中的夹带气泡。通常在絮凝池中，产生的凝聚颗粒密度低，凝聚颗粒均吸附着数量不等的微气泡（其主要产生于冬季冰盖下原水不易散出的气体或投加混凝剂水解反应产生的 CO_2 微气泡等），使得凝聚颗粒在水中不易下沉。若使其下沉，须增加反应时间和沉淀时间，气泡逐渐集大逸出才能实现。在小孔眼网格絮凝池内，絮凝体经过多层网格絮凝反应系统，颗粒不断接触、碰撞，并受到微涡旋剪切，使絮体中的气泡得以去除，从而增加了凝聚颗粒的密实度。值得注意的是网格反应池中水流断面流速不宜过低，速度应大于不淤积流速。否则紊流强度降低，一些凝聚好的颗粒可能在水流流动中沉至池底，像分离的“沙丘”那样，阻碍水流通道，将使网格效果降低。

（5）为低脉动沉淀创造条件。小孔眼网格絮凝设备形成密实、光滑的、近似球形的凝聚颗粒，使后续沉淀中缩小斜板（管）间距、采用低脉动沉淀设备成为可能。

（6）由于过网水流的惯性作用，絮凝体产生强烈的变形，使矾花中处于吸附能级低的部分，由于其变形揉动作用达到高吸能级的部位，这样就使得通过网格之后矾花变得更密实。

实际工程中，反应池内涡旋尺度很难测试，只有通过设计计算网格尺度、网眼尺寸等利用雷诺数去间接地表示水流的紊流度及紊流中的涡旋情况来控制反应效果。

2.5.4 特殊水质的絮凝原理

1. 低温低浊水难以净化的原因

①低温时絮凝剂水解缓慢，水解效果差，药剂联结能力降低；②低温时水的黏性明显增大，水流与其中微小颗粒相对运动的阻力变大，相对运动速度明显变小，因此水中微小颗粒的碰撞速度与碰撞概率大幅度减小；③低温情况下颗粒的布朗运动减弱，水分子热运动能量减弱，不利于协助胶体颗粒运动；④水温低，胶体的溶剂化作用增强，颗粒周围水化膜加厚，粘附强度降低，妨碍其凝聚；⑤低温时气体的溶解度大，溶解气体大量吸附在絮凝体周围，形成的絮凝体密度降低，不利沉淀；⑥冬季，地表水（尤其是水库水）中无机颗粒含量减少，有机胶体颗粒含量相对增加，矾花絮体中有机成分增多，因而矾花的密实度较平常小，颗粒沉降速度低，此外低温时水库水中的颗粒粒径分布趋于均匀，颗粒具有相同的跟随性，难以相互碰撞；⑦低浊时单位体积内颗粒密度小，水中微粒浓度很低，导致部分微絮体失去了碰撞凝聚的条件，势必影响混凝处理过程的正常进行。

2. 小孔眼网格絮凝池净化低温低浊水的原理

①混合工艺。微涡混合器通过控制水流的速度和水流空间的尺度来造成高比例、高强度的微涡旋，从而充分利用微小涡旋的离心惯性效应，使混凝剂的水解产物瞬间进入水体细部，使胶体颗粒脱稳析出，同时，较强的剪切作用避免了微絮体的过早长大，从而保证单位体积内的颗粒数，为微小矾花的后期凝聚提供数量保障。②絮凝工艺。小孔眼网格絮凝设备着重增强对水流剪切强度的控制，使凝聚的矾花不断压密，保证其达到理想的密实度。通过对反应过程中颗粒碰撞凝聚进行合理的动力学控制，可以大幅度增加低温高黏度条件下颗粒的有效碰撞概率，因而与常规工艺相比，该工艺对低温低浊水的处理效果明显。

3. 高浊水难以净化的原因

①混凝剂的水解产物在垂直水流方向向邻近部位扩散速率（亚微观扩散速率）很小，而高浊时胶体颗粒数量又非常多，没等混凝水解产物扩散到远端部位，就被更靠近它的胶体颗粒所捕获，因此高浊时有些胶体颗粒并没有与混凝剂水解产物接触，并未脱稳，这部分颗粒中的大部分不能被矾花颗粒所捕获，也不能被滤池截留。②胶体颗粒数量过多，产生拥挤沉淀，即一个矾花沉淀所产生的涡旋对其邻近颗粒沉降造成阻力，因此沉淀效果不好。

4. 小孔眼网格絮凝池净化高浊水的原理

微涡混合器其内部布有多层网格，混合器内充满着高比例、高强度的微涡旋，它们的离心惯性效应大幅度地加大了混凝剂水解产物与水的相对运动速度，加大了高浊水的细部传质速率。在小孔眼格网反应设备后造成了诱导涡旋，众多小涡旋不断交会，促进高浊条件下的传质过程。两个涡旋交会时的惯性作用使矾花产生变形和揉动，这种作用使矾花变得更密实，比重更大，使矾花中处于低吸附能级的部位，揉动到高吸附能级部位。因而小孔眼网格絮凝池可以形成密实、易于沉淀的矾花，保证高浊时的絮凝效果。

2.5.5　小孔眼网格絮凝池的发展沿革

传统网格絮凝池主要有两种类型：一类是洪湖池型，适用于中、高浊度的原水，主要是其网格经过简化，采用统一的规格尺寸，虽然不尽合理，但原水浊度较高，仍可以达到较好的效果。不过在冬季原水浊度降低时，需要增加投药量。第二类是昆山池型，它在前者的基础上作了一定的改进，这类池子内前段竖井和中段、后段竖井内网格的疏密型号和网格层数都不尽相同，尽量与理论值所需的能耗相接近，因而可以用于浊度较低的原水，不过它的絮凝时间要长一些，竖井的分格数也增多。这两种池型的主要设计参数见表 2-1。

两种池型的主要设计参数　　**表 2-1**

对比项目	洪湖池型	昆山池型	小孔眼网格池型
网格构件规格	统一疏型构件	前段密型，后段疏型	前疏中密后疏型
设计絮凝时间	6～8min	8～10min	8～10min
总水头损失	6cm	12cm	20cm
前段速度梯度	50～60s^{-1}	80～100s^{-1}	80～100s^{-1}
中段速度梯度	30～40s^{-1}	50～60s^{-1}	60～90s^{-1}
后段速度梯度	15～20s^{-1}	20～25s^{-1}	30～50s^{-1}
竖井平均流速	0.08m/s	0.12～0.14m/s	0.06～0.12m/s
竖井分格数	9 个	12 个	无要求

这两种池型采用的网格孔眼均较大，一般在 50～200mm 左右，不能很好地将絮凝池中的涡旋控制在有效絮凝尺度内，尤其是在低

温低浊或高浊等特殊水质时期，效果不佳。为此，王绍文教授于 20 世纪 80 年代提出了基于微涡旋理论的涡旋混凝技术，并提出微涡旋混凝的动力致因是离心惯性效应，根据涡旋混凝技术发明了小孔眼网格絮凝池，该池型对水温、水质和原水浊度的变化均有较强的适应性，尤其是在目前水源水质恶化、饮用水水质标准提高的情况下，更为适用，其主要设计参数见表 2-1。由于小孔眼网格絮凝池具有独特的优势，因此目前絮凝池中的网格类型多为小孔眼网格。

网格絮凝池工艺引入紊流涡旋理论作为其混凝动力学机理，在絮凝池中，涡旋的产生是紊动水流和网格扰流共同作用的结果。但是涡旋运动有一定的复杂性和随机性，对其中的一部分机理的认识目前尚不完整。现在的人工控制手段，也主要侧重于涡旋速度梯度和能耗方面，对网格这一扰流装置本身在改进涡旋生成条件的作用方面（如：网格的规格尺寸，网格间距分布对水流的影响等）尚处在经验阶段。所以，建议在以后对网格絮凝池的进一步研究中，一方面完善对其机理的认识，另一方面在实践中，就水力控制的各种因素，建立一些有效的数学模式，这对于这一工艺今后的应用和发展，都有重要意义。

第3章　沉降过程与低脉动沉淀理论

沉淀是水处理工程中常用的方法，用以将污染物从处理体系中分离出去。净水工程中絮凝体从净水体系中去除的效率决定着整个工艺的成败。沉淀环节所处理的对象是混合物，且混合物中的各组分互不相容，构成非均相物系。对于液态非均相物系，根据工艺过程要求可采用不同的分离操作。若要求悬浮液在一定程度上增浓，可采用重力增稠器或离心沉降设备；若要求固液较彻底地分离，则要通过过滤操作达到目的；乳浊液的分离可在离心分离机中进行。净水工艺中沉淀池内的混合液属于非均相物系。本章将介绍沉淀池中固液非均相物系分离的传统理论与低脉动沉淀理论，在此基础上简要介绍低脉动沉淀理论的相关应用。

3.1　颗粒和颗粒群的特性

非均相体系的不连续相常常是固体颗粒。由于不同的絮凝条件和过程，沉淀池内将形成不同性质的固体颗粒，且组成颗粒的成分不同其理化性质也不同，所以在沉淀分离过程中就要采用不同的工艺，因而有必要认识颗粒的性质。

3.1.1　颗粒的大小及形状

1. 单一颗粒

颗粒的大小和形状是颗粒重要的特性。由于颗粒产生的方法和原因不同，致使它们具有不同的尺寸和形状。一般来讲，按照颗粒的机械性质可分为刚性颗粒和非刚性颗粒。如泥砂、石子、无机物颗粒属于刚性颗粒。刚性颗粒变形系数很小，而细胞则是非刚性颗粒，其形状容易随外部空间条件的改变而改变。常将含有大量细胞的液体归属于非牛顿型流体。因这两类物质力学性质不同，所以在生产实际中应采用不同的分离方法。

如果按颗粒形状划分，则可分为球形颗粒和非球形颗粒。

1）球形颗粒

球形粒子通常用直径（粒径）表示其大小。球形颗粒的各有关特性均可用单一的参数，即直径 d 全面表示，诸如：

体积　$$V=\frac{\pi}{6}d^3 \tag{3-1}$$

表面积　　　　　　$S=\pi d^2$　　　　　　(3-2)

比表面积　　　　　$a=6/d$　　　　　　(3-3)

式中　d——颗粒直径（m）；

V——球形颗粒的体积（m^3）；

S——球形颗粒的表面积（m^2）；

a——比表面积（m^2/m^3）。

2）非球形颗粒

工业上遇到的固体颗粒大多是非球形的，沉淀池中的絮凝体也多是非球体。非球形颗粒可用当量直径及形状系数来表示其特性。

当量直径是根据实际颗粒与球体某种等效性确定的。根据测量方法及在不同方面的等效性，当量直径有不同的表示方法，工程上体积当量直径用得最多。

令实际颗粒的体积等于当量球形颗粒的体积$\left(V_p=\frac{\pi}{6}d_p^3\right)$，则体积当量直径定义为

$$d_e=\sqrt[3]{\frac{6V_p}{\pi}} \tag{3-4}$$

式中　d_e——体积当量直径（m）；

V_p——非球形颗粒的实际体积（m^3）。

2. 形状系数

形状系数又称球形度，它表征颗粒的形状与球形颗粒的差异程度，根据定义可以写出

$$\phi=\frac{S}{S_p} \tag{3-5}$$

式中　ϕ——颗粒的形状系数或球形度；

S_p——颗粒的表面积（m^2）；

S——与该颗粒体积相等的圆球的表面积（m^2）。

由于体积相同时球形颗粒的表面积最小，因此，任何小非球形颗粒的形状系数皆小于1。对于球形颗粒，$\phi=1$。颗粒形状与球形差别越大，ϕ值越低。

对于非球形颗粒，必须有两个参数才能确定其特征。通常选用体积当量直径和形状系数来表征颗粒的体积V_p、表面积S_p和比表面积a_p，即

$$V_p=\frac{\pi}{6}d_e^3 \tag{3-6}$$

$$S_p=\pi d_e^2/\phi \tag{3-7}$$

$$a_p=6/\phi_e d_e \tag{3-8}$$

3.1.2 颗粒群的特性

工程中遇到的颗粒大多是由大小不同的粒子组成的集合体，称

为均一性粒子或多分散性粒子；将具有同一粒径的称为单一性粒子或单分散性粒子。

1. 粒度分布

不同粒径范围内所含粒子的个数或质量，即粒径分布。可采用多种方法测量多分散性粒子的粒度分布。对于大于 40μm 的颗粒，通常采用一套标准筛进行测量。这种方法称为筛分分析。泰勒标准筛的目数与对应的孔径如表 3-1 所示。

泰勒标准筛　　**表 3-1**

目数	孔径		目数	孔径	
	in	μm		in	μm
3	0.263	6680	48	0.0116	295
4	0.185	4699	65	0.0082	208
6	0.131	3327	100	0.0058	147
8	0.093	2362	150	0.0041	104
10	0.065	1651	200	0.0029	74
14	0.046	1168	270	0.0021	53
20	0.0328	833	400	0.0015	38
35	0.0164	417			

2. 颗粒的平均直径

颗粒平均直径的计算方法很多，其中最常用的是平均比表面积直径。设有一批大小不等的球形颗粒，其总质量为 G，经筛分分析得到相邻两号筛之间的颗粒质量为 G_i，筛分直径（即两筛号筛孔的算术平均值）为 d_i。根据比表面积相等原则，颗粒群的平均比表面积直径可写为

$$\frac{1}{d_a}=\sum\frac{1}{d_i}\frac{G_i}{G}=\sum\frac{x_i}{d_i}$$

或

$$d_a=1/\sum\frac{x_i}{d_i} \tag{3-9}$$

式中　d_a——平均比表面积直径（m）；

d_i——筛分直径（m）；

x_i——d_i粒径段颗粒的质量分数。

3. 粒子的密度

单位体积内的粒子质量称为密度。若粒子体积不包括颗粒之间的空隙，则称为粒子的真密度 ρ_S，其单位为 kg/m^3。颗粒的大小和真密度对于机械分离效果有重要影响。若粒子所占体积包括颗粒之间的空隙，则测得的密度为堆积密度或表现密度 ρ_b，其值小于真密度。设计颗粒贮存设备及某些加工设备时，应以堆积密度为准。

3.2 重力沉降

沉降操作是指在某种力场中利用分散相和连续相之间的密度差异，使之发生相对运动而实现分离的操作过程。实现沉降操作的作用力可以是重力，也可以是惯性离心力。因此，沉降过程有重力沉降和离心沉降两种方式。给水处理工艺中的沉降池多是重力沉降池，如斜板池、斜管池、平流池或高密度澄清池等，重力沉降池具有运行稳定、节省运行电费的优点，但与工业上常用的机械分离与离心分离相比，重力沉降需要较大的占地面积。市政工程的净水厂或大型企业的自备水厂均采用重力沉降的方法分离絮凝颗粒，因此，本书主要讨论重力沉降过程。

3.2.1 球形颗粒的自由沉降

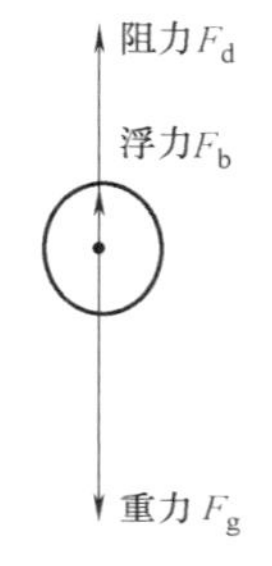

图 3-1 沉降颗粒的受力情况

颗粒受到重力加速度的影响而沉降的过程叫重力沉降。

将表面光滑的刚性球形颗粒置于静止的流体介质中，如果颗粒的密度大于流体的密度，则颗粒将在流体中沉降。此时，颗粒受到三个力的作用，即：重力、浮力和阻力，如图 3-1 所示。重力向下，浮力向上，阻力与颗粒运动的方向相反（即向上）。对于一定的流体和颗粒，重力与浮力是恒定的，而阻力却随颗粒的降落速度、形状等而有所不同。

令颗粒的密度为 ρ_S，直径为 d，流体的密度为 ρ，则

重力 $$F_g=\frac{\pi}{6}d^3\rho_S g$$

浮力 $$F_p=\frac{\pi}{6}d^3\rho g$$

阻力 $$F_d=\xi A\frac{\rho u^2}{2}$$

式中 ξ——阻力系数，无量纲；

A——颗粒在垂直于其运动方向的平面上的投影面积，其值为 $A=\frac{\pi}{4}d^2$（m^2）；

u——颗粒相对于流体的降落速度（m/s）。

根据牛顿第二运动定律可知，上面三个力的合力应等于颗粒的质量与其加速度 a 的乘积，即

$$F_g-F_b-F_d=ma \tag{3-10}$$

或 $$\frac{\pi}{6}d^3(\rho_S-\rho)g-\xi\frac{\pi}{4}d^2\left(\frac{\rho u^2}{2}\right)=\frac{\pi}{6}d^3\rho_S\frac{du}{d\theta} \tag{3-11}$$

式中　m——颗粒的质量（kg）；

a——加速度（m/s^2）；

θ——时间（s）。

颗粒开始沉降的瞬间，速度 u 为零，因此阻力 F_d 也为零，故加速度 a 具有最大值。颗粒开始沉降后，阻力随运动速度 u 的增加而相应加大，直至 u 达到某一数值 u_i 后，阻力、浮力与重力达到平衡，即合力为零。质量 m 不可能为零，故只有加速度 a 为零。此时，颗粒便开始作匀速沉降运动。由上面的分析可见，静止流体中颗粒的沉降过程可分为两个阶段，起初为加速段，而后为等速段。

由于小颗粒具有相当大的比表面积，使得颗粒与流体间的接触表面很大，故阻力在很短时间内便与颗粒所受的净重力（重力减浮力）接近平衡。因而，经历加速段的时间很短，在整个沉降过程中往往可以忽略。

等速阶段中颗粒相对于流体的运动速度 u_t 称为沉降速度。由于这个速度是加速阶段终了时颗粒相对于流体的速度，故又称为“终端速度”。由式（3-11a）可得到沉降速度 u_t 的关系式。当 $a=0$ 时，$u=u_t$，则

$$u_t=\sqrt{\frac{4gd(\rho_S-\rho)}{3\xi\rho}} \tag{3-12}$$

式中　u_t——颗粒的自由沉降速度（m/s）；

d——颗粒直径（m）；

ρ_S、ρ——分别为颗粒和流体的密度（kg/m^3）；

g——重力加速度（m/s^2）。

3.2.2 阻力系数

当流体以一定速度绕过静止的固体颗粒流动时，由于流体的黏性，会对颗粒有作用力。反之，当固体颗粒在静止流体中移动时，流体同样会对颗粒有作用力。这两种情况的作用力性质相同，通常称为曳力或阻力，如图 3-2 所示。

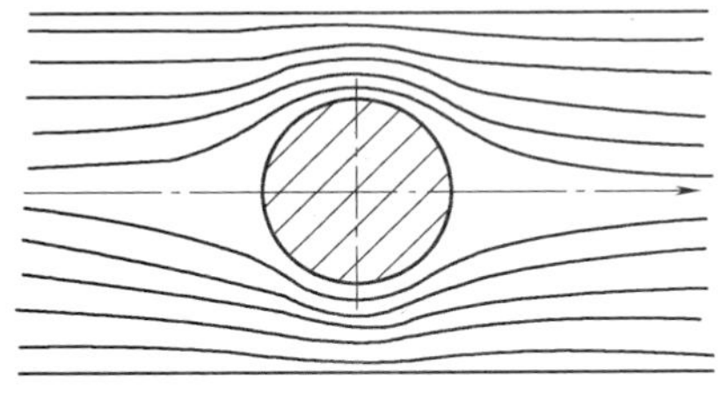

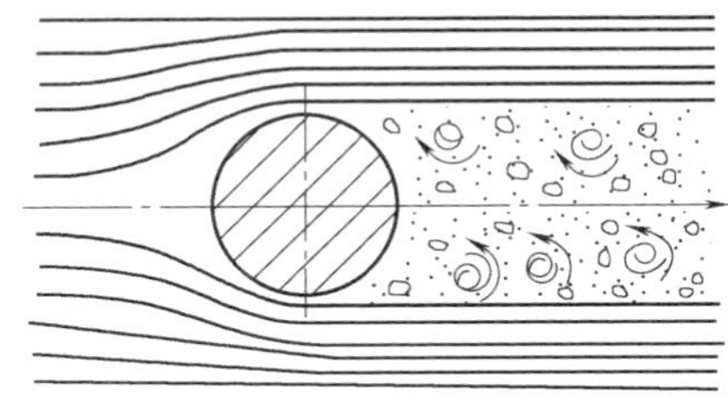

图 3-2　流体绕流颗粒现象示意图

只要颗粒与流体之间有相对运动，就会有这种阻力产生。除了上述两种相对运动情况外，还有颗粒在静止流体中作沉降时的相对运动，或运动着的颗粒与流动着的流体之间的相对运动。对于一定的颗粒和流体，不论哪一种相对运动，只要相对运动速度相同，流体对颗粒的阻力就一样。

式中的无因次阻力系数 ξ 是流体相对于颗粒运动时的雷诺数 $Re=d_{p}u\rho/\mu$ 的函数，即

$$\xi=\phi(Re)=\phi(d_{p}u\rho/\mu)$$

此函数关系需由实验测定。球形颗粒的 ξ 实验数据，示于图3-3中。图中曲线大致可分为三个区域，各区域的曲线可分别用不同的计算式表示为

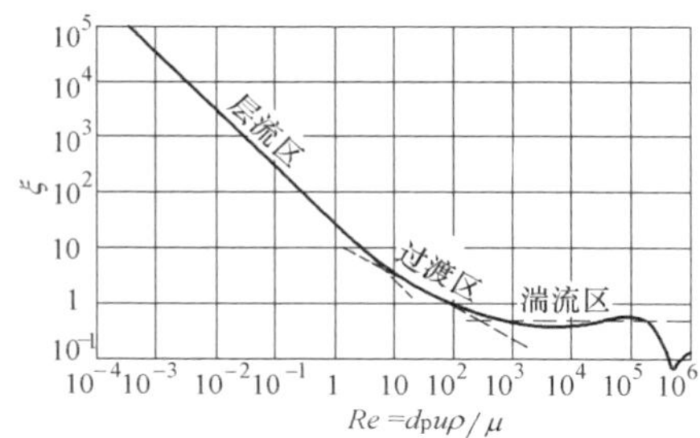

图 3-3 球形颗粒的 ξ 与 Re 关系曲线

层流区（$10^{-4}<Re<2$）

$$\xi=24/Re \tag{3-13}$$

过渡区（$2<Re<500$）

$$\xi=18.5/Re^{0.6} \tag{3-14}$$

湍流区（$500<Re<2\times10^{5}$）

$$\xi=0.44 \tag{3-15}$$

这三个区域，又分别称为斯托克斯（Stokes）区、阿仑（Allen）区、牛顿（Newton）区。其中斯托克斯区的计算是准确的，其他两个区域的计算是近似的。

将式（3-13）、式（3-14）及式（3-15）分别代入式（3-12），便可得到颗粒在各区相应的沉降速度公式，即

层流区
$$u_{t}=\frac{d^{2}(\rho_{S}-\rho)g}{18\mu} \tag{3-16}$$

过渡区
$$u_t = d^3 \sqrt{\frac{4g^2(\rho_S - \rho)^2}{225\mu\rho}} \tag{3-17}$$

湍流区
$$u_t = 1.74 \sqrt{\frac{d(\rho_S - \rho)g}{\rho}} \tag{3-18}$$

式（3-16）、式（3-17）及式（3-18）分别称为斯托克斯公式、阿仑公式及牛顿公式。在层流沉降区内，由流体黏性引起的表面摩擦力占主要地位。在湍流区，流体黏性对沉降速度已无影响，由流体在颗粒后半部出现的边界层分离所引起的形体阻力占主要地位。在过渡区，表面摩擦阻力和形体阻力二者都不可忽略。在整个范围内，随雷诺数 Re 的增大，表面摩擦阻力的作用逐渐减弱，而形体阻力的作用逐渐增强。当雷诺数 Re 超过 2×10^5 时，出现湍流边界层，此时反而不易发生边界层分离，故阻力系数 ξ 值突然下降，但在沉降操作中很少达到这个区域。

3.2.3　影响沉降速度的因素

上面的讨论都是针对表面光滑、刚性球形颗粒在流体中作自由沉降的简单情况。所谓自由沉降是指在沉降过程中，颗粒之间的距离足够大，任一颗粒的沉降不因其他颗粒的存在而受到干扰，且可以忽略容器壁面的影响。单个颗粒在空间中的沉降或气态非均相物系中颗粒的沉降都可视为自由沉降。如果分散相的体积分数较高，颗粒间有显著的相互作用，容器壁面对颗粒沉降的影响不可忽略，则称为干扰沉降或受阻沉降；液态非均相物系中，当分散相浓度较高时，往往发生干扰沉降。在实际沉降过程中，影响沉降速度的因素有如下几个方面。

1. 颗粒的体积浓度

前述各种沉降速度关系式中，当颗粒的体积浓度小于 0.2%时，理论计算值的偏差在 1%以内，但当颗粒浓度较高时，由于颗粒间相互作用明显，便发生干扰沉降。

2. 壁面效应

容器的壁面和底面均增加颗粒沉降时的曳力，颗粒的实际沉降速度较自由沉降速度低。当容器尺寸远远大于颗粒尺寸时（例如在 100 倍以上），器壁效应可忽略，否则需加以考虑。在斯托克斯定律区，壁面对沉降速度的影响可用下式修正：

$$u_t' = \frac{u_t}{1 + 2.1\left(\frac{d}{D}\right)} \tag{3-19}$$

式中　u_t——颗粒的实际沉降速度（m/s）；

D——容器直径（m）。

3. 颗粒形状的影响

同一种固体物质，球形或近球形颗粒比同体积非球形颗粒的沉降要快一些。非球形颗粒的形状及其投影面积 A 均影响沉降速度。对于非球形颗粒，雷诺数 Re 中的直径 d 要用颗粒的当量直径 d_e 代替。

颗粒的球形度 ϕ 越小，对应于同一 Re 值的阻力系数 ξ 越大，但 ϕ 值对 ξ 的影响在层流区内并不显著。随着 Re 的增大，这种影响逐渐变大。

另外，自由沉降速度公式不适用于非常微细颗粒（如 $d<0.5\mu m$）的沉降计算，这是由于流体分子热运动使得颗粒发生布朗运动。当 $Re>10^4$ 时，便可不考虑布朗运动的影响。

需要指出，上述各区沉降速度关系式适用于多种情况下颗粒与流体在重力方向上的相对运动的计算，例如：既可适用于颗粒密度 ρ_S 大于流体密度 ρ 的沉降操作，也可适用于颗粒密度 ρ_S 小于流体密度 ρ 的颗粒浮升运动；既可适用于在静止流体中颗粒的沉降，也可适用于流体相对于静止颗粒的运动；既可适用于颗粒与流体逆向运动的情况，也可适用于颗粒与流体同向运动但具有不同速度的相对运动速度的计算。

3.2.4 沉降速度的计算

计算在给定介质中球形颗粒的沉降速度可采用以下两种方法。

1. 试差法

根据式（3-16）、式（3-17）及式（3-18）计算沉降速度 u_t 时，需要预先知道沉降雷诺数 Re 值才能选用相应的计算式。但是，u_t 为待求，Re 的值也就为未知。所以，沉降速度 u_t 的计算需要用试差法，即：先假设沉降居于某一流型（例如层流区），则可直接选用与该流型相应的沉降速度公式计算 u_t，然后按求出的 u_t 检验 Re 值是否在原设的流型范围内。如果与原设一致，则求得的 u_t 有效。否则，按算出的 Re 值另选流型，并改用相应的公式求 u_t，直到按求得 u_t 算出的 Re 值恰与所选用公式的 Re 值范围相符为止。

2. 摩擦数群法

该法是把图 3-3 加以转换，使其两个坐标轴之一变成不包含 u_t 的无量纲数群，进而即可求得 u_t。

由式（3-12）可得到

$$\xi=\frac{4d(\rho_S-\rho)g}{3\rho u_t^2}$$

又

$$Re=\frac{d^2 u_t^2 \rho^2}{\mu^2}$$

以上两式相乘，便可消去 u_t，即

$$\xi Re^2=\frac{4d^3(\rho_S-\rho)g}{3\mu^2} \tag{3-20}$$

再令

$$K=d\sqrt{\frac{\rho(\rho_S-\rho)g}{\mu^2}} \tag{3-21}$$

则得

$$\xi Re^2=\frac{4}{3}K^3 \tag{3-22}$$

因 ξ 是 Re 的已知函数，则 $\xi\times Re^2$ 必然也是 Re 的已知函数，故图 3-3 的 $\xi-Re$ 曲线便可转化成图 3-4 的 ξRe^2-Re 曲线。计算 u_t 时，可先由已知数据算出 ξRe^2 值，再由 ξRe^2-Re 曲线查得 Re 值，最后由 Re 值反算 u_t，即

$$u_t=\frac{\mu Re}{d\rho}$$

如果要计算在一定介质中具有某一沉降速度 u_t 的颗粒的直径，也可用类似的方法解决。令 ξ 与 Re^{-1} 相乘，得

$$\xi Re^{-1}=\frac{4\mu(\rho_S-\rho)g}{3\rho^2u_t^3} \tag{3-23}$$

$\xi Re^{-1}-Re$ 曲线绘于图 3-4 中。由 ξRe^{-1} 值从图中查得 Re 的值，再根据沉降速度 u_t 值计算 d，即

$$d=\frac{\mu Re}{\rho u_t}$$

摩擦数群法对于已知 u_t 求 d 或对于非球形颗粒的沉降计算均非常方便。此外，也可用无量纲数群 K 值判别流型。将式（3-16）代入雷诺数 Re 的定义式得

$$Re=\frac{d^3(\rho_S-\rho)\rho g}{18\mu^2}=\frac{K^3}{18}$$

当 $Re=1$ 时，$K=2.62$，此值为斯托克斯定律区的上限。

同理，将式（3-18）代入 Re 的定义式，可得牛顿定律区的下限 K 值为 69.1。

这样，计算已知直径的球形颗粒的沉降速度时，可根据 K 值选用相应的公式计算 u_t，从而避免采用试差法。

由上述分析看出，同一颗粒在不同介质中沉降时，具有不同的沉降速度，且属于不同的流型。所以，沉降速度 u_t 由颗粒特性和流体特性等综合因素决定。

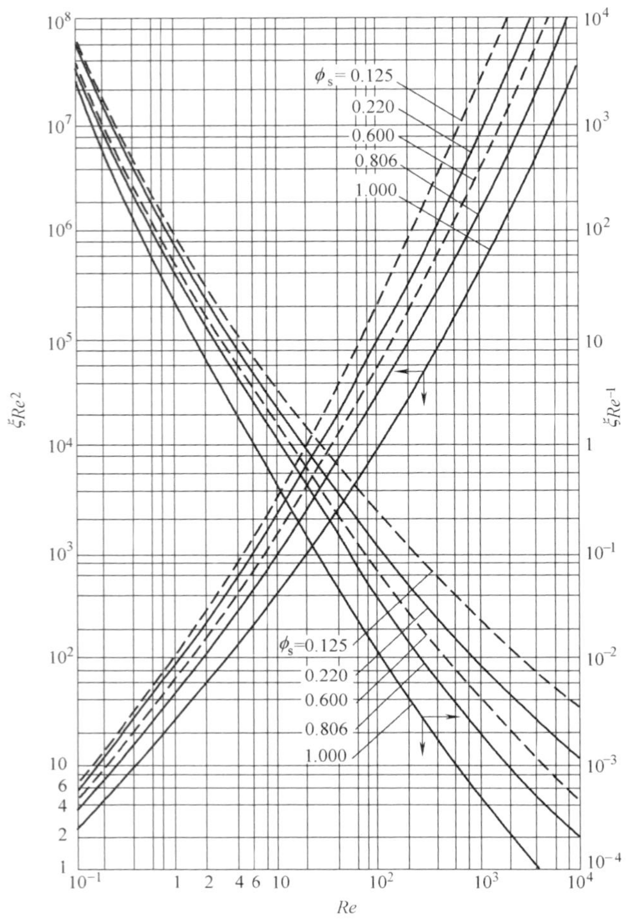

图 3-4 ξRe^2-Re 及 $\xi Re^{-1}-Re$ 关系曲线

3.3 脉动沉淀理论

水处理工程所用到的沉淀池中平流沉淀池内的水流最为平稳，水流运动对颗粒沉淀的影响最小，但平流沉淀池由于占地少、易短流等原因，其应用范围受到了限制，而根据浅池理论发展起来的斜板沉淀池或斜管沉淀池由于占地少、效率高，得到了广泛应用，尤其是在北方低温地区。无论是哪种沉淀池型，其内部的水流状态均不属于层流，而是处于湍流状态，平流池内的雷诺数 Re 一般为 4000～15000，弗罗德数 Fr 一般为 10^{-5}～10^{-4}，其他池型内的 Re 则更大些。结合图 3-4 中湍流区所跨的 Re 范围，根据式（3-18）可知，在整个沉淀区的流态范围内，随雷诺数 Re 的增大，表面摩擦阻力的作用逐渐减弱，而形体阻力的作用逐渐增强，即絮凝池所形成的絮体形状、球形度及直径等因素直接影响颗粒的下沉速度与颗粒去除率。由图 3-4 可知，絮体的球形度直接影响着 Re，这是由于在沉淀池内絮体颗粒的浓度较高，尤其是在沉泥区，颗粒的沉淀类型属于离散型的拥挤沉淀，状态介于成层沉淀与拥挤沉淀之间，此种状态下，大颗粒的沉淀引起颗粒周围小范围内的水流扰动，大颗粒与水流形成逆差运动，即大颗粒在重力作用下向下沉降，大颗粒侧向周围的水流薄层向上运动，大颗粒尾部的近颗粒处则在压差作用下形成微涡旋。水流薄层和尾部微涡旋均对大颗粒附近的小颗粒的沉淀形成干扰，此外，受水流剪切作用，较大絮体颗粒的羽翼被剪下，这些被剪下的絮体碎片也受微涡旋的干扰，不易沉降。沉淀池内由于颗粒沉降引起的尾部涡旋造成了水流的脉动性，水流的脉动性则影响着颗粒的去除率及沉淀池设计，因此，有必要深入研究沉淀池内湍流的脉动特性。

3.3.1　湍流的涡量脉动方程

令 ρ 代表流体的密度常数，u_i 为流体的速度分量，p 为流体中的压力，ν 为流体的运动黏性系数。流体运动所满足的 Navier-Stokes 方程与连续方程可写成下式：

$$\frac{\partial u_i}{\partial t}+u_j u_{i,j}=-\frac{1}{\rho}p_{j,i}+\nu\nabla^2 u_i, u_{j,j}=0 \tag{3-24}$$

其中，$u_{i,j}$ 与 $p_{j,i}$ 分别代表速度 u_i 与压力 p 对 x_j、x_i 的偏微商；∇^2 为 Laplace 算符，为书写方便，本文采用张量分析中的约定求和规则。

按照 Reynolds（雷诺）的看法，湍流运动可分为平均流动与脉动或涨落运动两部分，用 U_i、$\overline{p}$ 分别代表源流的平均速度和平均压力，w_i 和 $\widetilde{w}$ 代表速度和压力涨落：

$$u_i=U_i+w_i, p=\overline{p}+\widetilde{w}$$

描述平均流动的动力学方程是：

$$\frac{\partial U_i}{\partial t}+U_j U_{i,j}=-\frac{1}{\rho}\overline{P}_{j,i}+\frac{1}{\rho}\tau_{ij,j}+\nu\nabla^2 U_i, U_{j,j}=0 \tag{3-25}$$

式中，$\tau_{ij}=-\overline{\rho w_i w_j}$，代表 Reynolds 似应力。速度与压力涨落满足下列偏微分方程，它们是 Navier-Stokes 方程（3-24）与平均运动方程（3-25）的差：

$$\frac{\partial w_i}{\partial t}+U_j w_{i,j}+w_j w_{i,j}+w_j U_{i,j}=$$

$$-\frac{1}{\rho}\tilde{\omega}_{j,i}-\frac{1}{\rho}\tau_{ij,j}+\nu\nabla^2 w_i, w_{j,j}=0 \tag{3-26}$$

从湍流速度涨落运动用求旋度的方法获得涡量脉动方程。令 Ω_{ik} 和 ω_{ik} 分别代表湍流的平均涡量与涡量涨落，它们的定义是：

$$\Omega_{ik}=U_{i,k}-U_{k,i}, \omega_{ik}=\omega_{i,k}-\omega_{k,i} \tag{3-27}$$

求速度脉动方程（3-26）的旋度，并得出涡量脉动所满足的偏微分方程如下：

$$\frac{\partial}{\partial t}\omega_{ik}+U_j\omega_{ik,j}+U_{j,k}w_{i,i}-U_{j,i}w_{k,j}+$$

$$w_j\omega_{ik,j}+w_{j,k}w_{i,j}-w_{j,i}w_{k,j}+w_j\Omega_{jk,j}+$$

$$w_{j,k}U_{j,j}-w_{j,i}U_{k,j}=-\frac{1}{\rho}(\tau_{ij,jk}-\tau_{kj,ji})+\nu\nabla^2\omega_{ik} \tag{3-28}$$

在流体中某一运动点 P_0（x_{01}，x_{02}，x_{03}）附近的湍流脉动，此点 P_0 是以平均速度 U_{0i} 随着流动的液体运动；U_{0i} 由下列待定函数规定：

$$U_{0i}=U_i(x_0, t)$$

为方便起见，用 x_0 的符号来代表 x_{0i}（$i=1$，2，3）。

平均速度分布 U_i，它的梯度 $U_{j,k}$ 包括平均涡量分布 Ω_{ik} 和似应力 τ_{ij} 等，函数在涡旋的范围内变化一般比较小。为此在求解 P_0 点附近的涡旋运动时，可以在涡量脉动方程中把它们在 P_0 点的值近似地代表它们在包括 P_0 点在内的涡旋运动领域里的值。也就是说，在 P_0 点周围附近的涡量脉动方程可近似地写作：

$$\frac{\partial}{\partial t}\omega_{ik}+U_{0i}\omega_{ik,j}+U_{0j,k}w_{i,j}-U_{0j,i}w_{k,j}+w_j\omega_{ik,j}$$

$$+w_{j,k}w_{i,j}-w_{j,i}w_{k,j}+w_j\Omega_{0ik,j}+w_{j,k}U_{0i,j}$$

$$-w_{j,i}U_{0k,j}=-\frac{1}{\rho}(\tau_{0ij,jk}-\tau_{0kj,ji})+\nu\nabla^2\omega_{ik} \tag{3-29}$$

在上列方程中，凡有下标 0 符号的平均量均代表在运动点 P_0 的数值。在涡旋的运动范围内，速度脉动 w_i 和它的梯度 $w_{i,j}$ 及涡量脉动 ω_{ik} 都是数值变化很快的函数。

以运动点 P_0 作原点作一坐标变换，从原来的坐标系 x_i 变换到新的运动的坐标系 x_i'，x_i 和 x_i' 之间有下列关系：

$$x'_i = x_i - x_{0i}, x_{0i} = \int_{t_0}^{t} U_{0i} \mathrm{d}t = \int_{t_0}^{t} U_i(x_0, t) \mathrm{d}t \quad (3\text{-}30)$$

上列坐标变换方程中坐标 x_{0i} 的定义指出了运动点 P_0 的运动学意义。

经过式（3-30）中的坐标变换之后，涡量脉动方程（3-29）可写成如下形式：

$$\frac{\partial}{\partial t}\omega'_{i\mathrm{k}} + U_{0j,\mathrm{k}}\omega'_{i,j} - U_{0j,i}w'_{\mathrm{k},j} + w'_j\omega'_{j\mathrm{k},j}$$

$$+ w'_{j,\mathrm{k}}w'_{i,j} - w'_{j,i}w'_{\mathrm{k},j} + w'_j\Omega_{0i\mathrm{k},j} +$$

$$w'_{j,\mathrm{k}}U_{0i,j} - w'_{j,i}U_{0\mathrm{k},j} = -\frac{1}{\rho}(\tau_{0ij,j\mathrm{k}} - \tau_{0\mathrm{k}j,ji}) + \nu\nabla^2\omega'_{i\mathrm{k}} \quad (3\text{-}31)$$

在以 P_0 点为原点的运动的坐标系中，脉动速度 w'_i 就是液体的运动速度；方程（3-31）中以带上标“$'$”的函数表示：它们是以 x'_i 为坐标变量的函数；带上标“$'$”函数的不同级的偏微商是对这些坐标的偏微商。在涡量 $\omega'_{i\mathrm{k}}$ 对时间 t 偏微商时，坐标 x'_i 视为常数。

方程（3-31）是求解组成湍流的涡旋运动的动力学根据。在求解各种具体湍流运动问题时，将在上列方程中引进相似条件，也就是在流场中不同地点的运动的涡旋具有相似的涡性结构。

3.3.2　流体沿二元槽、半平板与圆管的流动

斜板中的沉淀水流运动类似沿平板斜向上运动，而斜管中的水流则类似于水流在圆管中的流动。为充分了解这两种浅池的水流运动规律，合理利用它们的运动规律提高沉淀效率，有必要了解平均运动方程（3-25）和在与流体共同作平均运动的运动参考系中的涡量脉动方程（3-31）的解是如何受边界限制的。为阐述方便，本节先讨论流体在二元槽内的流动。

1. 流体在压力作用下在二元槽内的流动

取直角坐标 x，y，z，并令 $x_1 = x$，$x_2 = y$，$x_3 = z$。以湍流平均流动的方向作正 x 轴的方向，xz 坐标平面与形成槽的二平板平行；取 y 轴和二平板成垂直，坐标系的原点取在槽的中心。流体的平均流动是定常的，并只沿着 x 方向流动，即平均流速有以下三个分量：

$$U_{\mathrm{x}} = U = U(y), U_{\mathrm{y}} = U_{\mathrm{z}} = 0 \quad (3\text{-}32)$$

由于对称的关系，在本问题中各平均量都只是坐标 y 的函数。槽内流体中沿 x 方向的平均压力梯度是常数。将上列各平均速度分量代入平均运动方程（3-25）并略去方程中的黏性项，再把运动方程的 x 分方程积分并考虑对称条件，可以得到不恒等于零的剪应力

分量 τ_{xy} 为

$$\frac{1}{\rho}\tau_{xy}=-\left(-\frac{1}{\rho}\frac{\partial\overline{p}}{\partial x}\right)y=-\frac{U_{\tau}^{2}}{d}y \tag{3-33}$$

其中，$2d$ 代表槽的宽度；U_{τ} 是速度常数，称作摩擦速度。方程（3-32）中的积分常数等于零，因为在槽的中心由于对称关系，似应力的分量并不存在，平均运动的连续方程恒被满足。

下一步计算在运动坐标系中的涡量脉动方程。只考虑在压力作用之下流体在槽内定常的平均运动，则组成湍流脉动的涡旋运动也必须是定常的。为此，在涡量涨落方程（3-31）中，对时间 t 的偏微商一项可以略去。

其次，我们引进相似性条件，即采取方程（3-31）的涡旋运动解具有下列相似性结构的脉动速度分布：

$$w_{j}'=q\phi_{i}(\xi),\xi_{i}=\frac{x_{i}'}{A},q^{2}=\overline{w_{i}'w_{j}'} \tag{3-34}$$

式中，q 代表脉动速率平方均值的平方根，简称速度脉动的大小。A 是一长度，称作湍流涡量尺度，用来衡量涡旋的大小；q 与 A 只是运动坐标系原点 P_0 坐标的函数，和坐标 x 无关。在这个坐标系中，组成湍流脉动的涡旋有各种不同的位置和方向。在用平均方法求似应力 τ_{ij} 各分量时，必须在坐标系内把涡旋可能有的位置与方向予以平均，这就是在空间中的平均。在积分过程中，可把积分变量用湍流涡旋尺度 A 作单位，因此在下列平均值中，

$$\overline{w_{i}'w_{j}'}=q^{2}\ \overline{\phi_{i}\phi_{j}},\overline{\phi_{i}\phi_{j}}=1 \tag{3-35}$$

关联函数 $\overline{\phi_i\phi_j}$ 只是一个常数而与 P_0 的坐标无关。这说明，湍旋运动的相似性解导致 Reynolds 似应力各分量相互成正比的结果。这个结果 Von Kármán 在以前也曾当作基本概念提出过。关系式 $\overline{\phi_i\phi_j}=1$ 是和 $q^2=\overline{w_i'w_j'}$ 的定义等价的。

今把相似性解（3-34）代入涡量涨落方程（3-31），并略去对时间 t 的偏微分。因为运动点 P_0 是任意点，所以方程中各均匀量的下标零可以省略。再考虑到式（3-32）与式（3-33）的关系，引进下列定义：

$$\xi_{ij}=\frac{\partial\phi_{i}}{\partial\xi_{j}}-\frac{\partial\phi_{j}}{\partial\xi_{i}},\nabla_{\xi}^{2}=\frac{\partial^{2}}{\partial\xi_{1}^{2}}+\frac{\partial^{2}}{\partial\xi_{2}^{2}}+\frac{\partial^{2}}{\partial\xi_{3}^{2}} \tag{3-36}$$

简单的代数运算给出下列三式：

$$
\left.\begin{aligned}
&(i,k)=(2,3):-\frac{\mathrm{d}U}{\mathrm{d}y}\frac{q}{A}\frac{\partial\phi_3}{\partial\xi_1}+\frac{q^2}{A^2}\\
&\left(\phi_j\ \frac{\partial}{\partial\xi_j}\zeta_{23}+\frac{\partial\phi_j}{\partial\xi_3}\frac{\partial\phi_2}{\partial\xi_j}-\frac{\partial\phi_j}{\partial\xi_2}\frac{\partial\phi_3}{\partial\xi_j}\right)=\frac{\nu q}{A^3}\nabla_\xi^2\zeta_{23}\\
&(j,k)=(3,1):-\frac{\mathrm{d}U}{\mathrm{d}y}\frac{q}{A}\frac{\partial\phi_2}{\partial\xi_3}+\frac{q^2}{A^2}\\
&\left(\phi_j\ \frac{\partial}{\partial\xi_j}\zeta_{33}+\frac{\partial\phi_j}{\partial\xi_1}\frac{\partial\phi_3}{\partial\xi_j}-\frac{\partial\phi_j}{\partial\xi_1}\frac{\partial\phi_1}{\partial\xi_j}\right)=\frac{\nu q}{A^3}\nabla_\xi^2\zeta_{31}\\
&(i,k)=(1,2):\frac{\mathrm{d}U}{\mathrm{d}y}\frac{q}{A}\left(\frac{\partial\phi_1}{\partial\xi_1}+\frac{\partial\phi_2}{\partial\xi_2}\right)+\frac{\mathrm{d}^2U}{\mathrm{d}y^2}q\phi_2+\\
&\quad+\frac{q^2}{A^2}\left(\phi_j\ \frac{\partial}{\partial\xi_j}\zeta_{12}+\frac{\partial\phi_j}{\partial\xi_2}\frac{\partial\phi_1}{\partial\xi_j}-\frac{\partial\phi_j}{\partial\xi_1}\frac{\partial\phi_2}{\partial\xi_j}\right)=\frac{\nu q}{A^3}\nabla_\xi^2\zeta_{12}
\end{aligned}\right\}\tag{3-37}
$$

此外，ϕ_j 必须满足式（3-25）中的连续方程；在无量纲的变量中，它的形式是：

$$\frac{\partial\phi_j}{\partial\xi_j}=0\tag{3-38}$$

在式（3-37）的三个方程中，无量纲函数 ϕ_i 和它对无量纲坐标 ξ_i 的各级微商具有同一数量级。为此，三个方程左边最后的一项和右边一项两个系数之比是一个 Reynolds 数，可称作湍流涡旋 Reynolds 数 R_{A}，R_{A}的定义是

$$R_{\mathrm{A}}=qA/\nu\tag{3-39}$$

根据下列理论计算及 Laufer 在槽内的流动实验，R_{A}在槽内的数值约为 100～200。因此，方程右边的黏性衰变项在 $\mathrm{d}U/\mathrm{d}y$ 不等于零的范围内可以近似地略去。在这个范围内，相似性条件规定：凡是三方程中各 ξ_i 的函数，即 ϕ_i 与 ϕ_i 对 ξ_i 的各级偏微商，须与 P_0点的坐标无关，也就是说，须和 $\mathrm{d}U/\mathrm{d}y$，$\mathrm{d}^2U/\mathrm{d}y^2$，$q$ 及 A 等函数无关。因此，在 $\mathrm{d}U/\mathrm{d}y$ 不等于零的范围内，涡旋须具有相似性的涡量结构的条件导致下列关系：

$$-\frac{A}{q}\frac{\mathrm{d}U}{\mathrm{d}y}=c_1,\ -\frac{A^2}{q}\frac{\mathrm{d}^2U}{\mathrm{d}y^2}=c_2\tag{3-40}$$

此处 c_1、c_2是两个常数。解 A 与 q，得

$$A=\frac{c_2}{c_1}\frac{\dfrac{\mathrm{d}U}{\mathrm{d}y}}{\dfrac{\mathrm{d}^2U}{\mathrm{d}y^2}},\ q=-\frac{c_2}{c_1^2}\frac{\left(\dfrac{\mathrm{d}U}{\mathrm{d}y}\right)^2}{\dfrac{\mathrm{d}^2U}{\mathrm{d}y^2}}\tag{3-41}$$

这就是 Von Kármán 得出的结果。在他和 Prandtl 的动量转移

理论中的混合长度 l 由现在的湍流涡旋尺度 A 所代替。依照相似性条件，似应力的各分量须成正比。剪应力分量 τ_{xy} 与坐标 y 呈线性关系［见公式（3-33）］，因此，速度脉动的三个分量平方的平均值也和 y 成正比。这个结果在相似性有效的部分流场内是与 Wattendorf，Wattendorf 与 Laufer 的实验相符合的。

如以（3-41）中的关系代入（3-37）的三个偏微分方程，求解，并从这样求出的涡旋运动解用空间的平均方法计算流体中两不同点之间的速度关联函数，很容易看出，只要它们的相对位移不变，这样计算出的关联函数和两点在流体中的位置无关。这个结果也在 Laufer 的实验中定性地显示出来。至于用 von Kármán 的结果式（3-41）来计算槽里平均流动速度分布与实验相符合的事实已在流体力学界众所周知。R_A 的数值可从 Goldstein 平均速度及混合长度的计算结果和 Laufer 的实验数据得出。

另一方面，在槽的中心部分，公式（3-41）不能应用；在此处，如用抛物线代表平均速度分布，则得

$$\left|\frac{\mathrm{d}U}{\mathrm{d}y}\right|=|12.8U_{\tau}y/\mathrm{d}^2|,\left|\frac{\mathrm{d}^2U}{\mathrm{d}y^2}\right|=12.8U_{\tau}/\mathrm{d}^2$$

脉动速率的值 q 和摩擦速度 U_{τ} 的值相仿。如用 Laufer 实验中 q、d 的值，并且取 Goldstein 关于 A 的最大值，则在槽中心附近，下列两不等式可以成立：

$$\left|\frac{\mathrm{d}U}{\mathrm{d}y}\right|<\frac{q}{A},\left|\frac{\mathrm{d}^2U}{\mathrm{d}y^2}\right|<\frac{q}{A^2} \tag{3-42}$$

如果近似地在（3-37）的三方程中，略去黏性项，再略去带有 $\mathrm{d}U/\mathrm{d}y$ 与 $\mathrm{d}^2U/\mathrm{d}y^2$ 的诸项，则剩下来的三个偏微分方程只有方程左边最右三项。这显然是一种均匀各向同性湍流，也就是说，在槽的中间部分，涡旋运动具有另一种类似均匀各向同性湍流运动的涡性结构。

2. 沿半平板的流动

令正的一半的 xz 坐标平面代表无穷大的半平板；正 x 轴的方向为未被半平板扰动的流体平均运动的方向；z 轴与半平板的前缘或半平板上从层流过渡到湍流的跃迁线相重合；y 轴则与半平板垂直。以 U_x、U_y 分别代表流体平均速度沿 x 轴与 y 轴的分速度；由于对称关系，平均流速沿着 z 轴的分速度等于零。同样，由于对称关系，U_x、U_y 和其他平均量与坐标 z 无关而只是 x、y 的函数。考虑平均流动是定常的，并沿着平板的 x 方向的平均压力梯度等于零。如以 U_0 代表来自 x 轴左端远处未受半平板扰动的流体平均速度，则在高 Reynolds 数运动情形下，在半平板的附近，存在着一层薄的湍流边界层，在此边界层之外，流体以未被扰动的速度 $U_x=$

U_0、$U_y=0$ 流动；湍流的 Reynolds 数越高，这层边界层越薄。略去在平均运动方程（3-25）中的各黏性项；不恒等于零的两个分量运动方程是沿着 x、y 两个坐标轴线的两个分量方程。如果我们引进一个流函数 ψ，则平均运动所满足的连续方程可恒被满足；ψ 和速度分量 U_x、U_y 的关系是：

$$U_x=\frac{\partial\psi}{\partial y},U_y=\frac{\partial\psi}{\partial x} \tag{3-43}$$

我们现在考虑高 Reynolds 数的流动，亦即边界层的厚度很薄，所以在 x 方向的分运动方程中的 $\partial\tau_{xx}/\partial x$ 项可以略去；流体又在沿着平板在 $\partial\overline{p}/\partial x=0$ 的情况下作平均运动。如令 τ_0 代表湍性摩擦阻应力在平板面以上的值，U_τ 为摩擦速度，δ 为边界层的厚度，U_0 为边界层以外的湍流平均流速，那么把 x 分量运动方程沿着 y 的坐标在边界层内积分，得

$$\tau_0=\tau_{xy}\big|_{y=0}=\rho U_\tau^2=\rho\frac{\partial}{\partial x}\int_0^\delta(U_0-U_x)U_x\mathrm{d}y \tag{3-44}$$

边界层的厚度 δ 是半平板前缘的距离 x 的函数。因此，如果把作为 x 与 y 的函数 U_x 代入方程（3-44），并对 y 积分，即得湍性摩擦阻应力 τ_0 对 x 的函数。

边界层中的平均速度分布是有相似性的。根据 Dryden 的实验，平均速度分量 U_x 与摩擦速度 U_τ 之比 U_x/U_τ 只是无量纲变量 η 的函数，η 的定义是：

$$\eta=yU_\tau/v \tag{3-45}$$

据此，平均流动的流函数 ψ 可用下列无量纲函数 F 表达：

$$\psi=vF(\eta) \tag{3-46}$$

于是平均速度分量 U_x 与 U_y 和 $F(\eta)$ 可从方程（3-43）写成下列关系：

$$U_x=U_\tau F'(\eta),U_y=-yF'\frac{\mathrm{d}U_\tau}{\mathrm{d}x} \tag{3-47}$$

在高 Reynolds 数运动问题中，U_y 的值一般比 U_x 的要小得多。

由于平均运动的 Reynolds 数很高，边界层的厚度很薄，可以略去方程（3-31）中各平均物理量对 x 的偏微商，而保留它们对 y 的偏微商；方程（3-31）中有关 U_y 各项也可以略去；x 和 y 是运动的坐标系原点 P_0 的坐标并和平均运动方程中的 x、y 具有同样的几何意义。在方程（3-31）中，有涡量 ω'_{ik} 对时间 t 的偏微商一项。这项偏微商可以转变为对坐标 x 的偏微商。这是因为湍流的平均运动虽然是定常的，但当引起流体脉动的涡旋随着流体向下游移动时，

由于边界层厚度的扩张，涡旋的强度与尺寸也有所改变，而这个改变根据坐标变换方程（3-30）可用$U_x\partial/\partial x$来代替$\partial/\partial t$。在方程（3-31）中，凡对x的偏微商都是小量，因此（3-31）中对时间t的偏微商一项也可以略去。经过这些近似之后，边界层中的涡量脉动方程（3-31）在形式上和二元槽中的一样。在这组方程中引进关于速度脉动的相似性条件（3-34），可得类似于（3-37）的三个偏微分方程；边界层与二元槽中的运动的不同之处在于在方程（3-37）中平均流速U_y对y的微商须改为对y的偏微商。如同在槽里的运动问题一样，在半平板上的湍流边界层中，我们可以略去涡量脉动方程中的黏性项；略去它们的理由将在求得平均速度分布之后进行讨论，相似性条件导致类似（3-40）或（3-41）中的A与q的关系，不同之处是U_y对y的微商皆是偏微商。如以U_x从（3-47）代入（3-41），得q和摩擦速度U_τ成正比的必然结果。因此，似剪应力τ_{xy}和速度脉冲三分量的平方平均值$\overline{w_x^2}$、$\overline{w_y^2}$、$\overline{w_z^2}$均与U_τ^2成正比。另外，q可能仍是η的函数，亦即τ_{xy}可能有下列形式：

$$\tau_{xy}=-\rho U_\tau^2 c_{12}(\eta)$$

根据实验情况所作的计算，得出c_{12}可以近似地当作一个常数；同样地，$\overline{w_x^2}$、$\overline{w_y^2}$、$\overline{w_z^2}$和U_τ^2的三个比例也是常数。如果把（3-47）中的U_x代入（3-31），其中q和U_τ成正比，而这比例又是一常数，并积分，可得和实验相符合的平均速度的对数分布定律：

$$U_x=\frac{U_\tau}{K}\left(\log\frac{U_\tau y}{\nu}+A\right) \tag{3-48}$$

其中，K是一常数，而A是一个积分常数。式（3-44）中边界层厚度δ是在上式中当$U_x=U_0$时的y值。

实际上，在边界层中的平均速度对数分布定律、脉动速度平方平均值及似剪应力与y的分布无关，只有在湍流边界内部靠近半平板的部分内才有效。在湍流边界层接近以流速$U_x=U_0$的自由流动靠外面的部分，湍流运动类似自由湍流运动；平均速度与Reynolds似应力各分量都具有不同的分布形式。根据平均速度对数分布定律（3-48）涡旋尺度A等于K_y，因此涡旋Reynolds数R_A在大部分的湍流边界层内可有从几十到几百以上的数值，所以涡量脉动方程中的黏性项是可以略去的。

3. 流体在压力作用下在圆管中的流动

流体在压力作用下在圆管中的流动问题从动力学的角度看来，是和在二元槽内的流动问题类似的，两个问题的区别在于因边界条件的不同而所采用的相应的描述流动的坐标系不同。今取柱坐标x，

r，ϕ；由于柱坐标是曲线坐标，必须把代表协变张量与逆变张量的上下标符号分开。令 $x^1=x$，$x^2=r$，$x^3=\phi$，并以湍流的平均流动方向作 x 轴的正方向，x 轴与圆管的中心轴线重合。如同在槽里运动一样，(3-32) 在圆管中的平均流速的三分量是：

$$U_{\mathrm{x}}=U(r),U_{\mathrm{r}}=U_{\phi}=0 \tag{3-49}$$

略去平均运动方程（3-25）中的黏性项。相当于槽内运动的剪应力分量（3-33）可从运动方程中积分成

$$\frac{1}{\rho}\tau_{\mathrm{xr}}=-\overline{w_{\mathrm{x}}w_{\mathrm{r}}}=-\frac{1}{2}\left(-\frac{1}{\rho}\frac{\partial\bar{p}}{\partial x}\right)r=-\frac{U_{\tau}^2}{2a}r \tag{3-50}$$

其中，a 代表圆管的半径，U_{τ}为摩擦速度。

写出在跟平均流动一同运动的坐标系中的涡量脉动方程，并参考槽内和沿半平板的流动问题略去方程中的黏性项；再考虑在运动的坐标系中的涡旋运动是稳定的，可用 w_{x}、w_{r}、w_{ϕ}代表沿（x，r，ϕ）三个方向的速度脉动分量。由于我们采用的是柱坐标，运动的坐标系的向径 r 的原点仍在圆管的对称轴线上。引用上述近似条件之后，可以写出在运动坐标系中的三个涡量脉动方程。

由于采用了柱坐标，涡量脉动方程中，凡有对$(1/r)\partial/\partial\phi$ 的偏微商项，后面就带着与 $1/r$ 相乘的一项。但是涡旋运动所引起的湍性作用主要是在离圆管边不远的区域之内。在上述三偏微分方程中，凡对坐标偏微商一次的各项，则在分母中湍流涡旋尺度 A 出现一次，因此这一项要比用向径 r 来除的相应项的数值为大。如果略去比带有 $1/A$ 各项为小且以 $1/r$ 为系数的各项，则柱坐标系的三涡量脉动方程和在直角坐标系中的方程的数学形式完全一样。引入相似解（3-34），因而得出和（3-40）与（3-41）完全相同的结果，不过在本流动问题中，向径 r 代替了坐标 y。由这个相似性解得出的似应力所计算出的圆管中的平均速度分布是和实验结果相符合的。Reynolds 似应力的各分量，以及某些高元速度关联函数，在相似性有效的流动范围内相互成正比的理论结果也有实验的证明。

3.3.3　沉淀颗粒的湍性尾流与涡量脉动

沉淀过程中，由于颗粒的沉速不同，沉淀颗粒之间相干扰，其原因主要是因为沉淀颗粒在下沉过程中，在其后方产生湍性尾流，影响其他颗粒的沉淀，这在高浊水的沉淀过程中更为明显。因此，以下将讨论湍性尾流中的流体运动，二元与轴对称尾流将依此分别处理。

1. 二元湍性尾流与涡量脉动

用一个对称的圆柱体放在与流速方向成垂直的运动的流体内来产生二元湍性尾流，流体的平均流动是定常的，圆柱体的中心轴线

或和它平行的直线可取作 z 轴，x 轴的正方向与未受圆柱体扰动的流速 U_0 方向重合；xz 平面通过中心轴线。由于对称关系，平均流速沿着 z 轴的分量 U_z 和 Reynolds 应力中有一个下标 z 的各分量皆等于零，而所有的平均值与坐标 z 无关。在这样的情况下略去黏性应力项，平均运动方程（3-25）是和沿半平板流动的偏微分方程一样的。

在尾流运动问题中，我们常用速度亏损来表达平均流动的速度分布，U 和 U_x 的关系是

$$U_x=U_0-U \tag{3-51}$$

在圆柱体的下游比较远处，又在高 Reynolds 数运动情况下，U 一般是一个小数。其有相似性的平均速度分布，这允许我们把沿 x 轴平均运动分方程中的 $\partial p/\partial x$ 和 $\partial\tau_{xy}/\partial y$ 两项略去。由于速度亏损 U 比 U_0 小，所以这个运动方程可以近似地写作：

$$U_0\frac{\partial U_x}{\partial x}=\frac{1}{\rho}\frac{\partial\tau_{xy}}{\partial_y} \tag{3-52}$$

处理尾流相似性平均速度的方法是大家所熟悉的。因此可以把 U_x、U_y 的函数形式写下来：

$$U_x=U_0\left[1-\sqrt{\frac{d}{x}f(\eta)}\right],U_y=-U_0\frac{d}{2x}\eta f(\eta),\eta=\frac{y}{\sqrt{xd}} \tag{3-53}$$

上列各式中的 d 代表圆柱体直径。

下一步写出在运动的坐标系中的涡量脉动方程（3-31）。在这组方程中，我们只需保留 $\partial U_x/\partial y$、$\partial^2U_x/\partial y^2$、$\partial^2\tau_{xy}/\partial y^2$ 等平均项。其他平均项 $\partial U_x/\partial x$、$\partial U_y/\partial x$、$\partial U_y/\partial y$、$\partial^2U_x/\partial x\partial y$、$\partial^2U_y/\partial x\partial y$、$\partial^2\tau_{xy}/\partial x^2$、$\partial^2\tau_{xy}/\partial x\partial y$ 等项皆可略去。由于坐标变换（3-30）的关系，（3-31）中对时间 t 的微商可用 $U_0\partial/\partial x$ 的算子来代替。一般地说，在某一函数上用 $U_0\partial/\partial x$ 运算的结果是用 U_0/x 和它相乘具有同等数值级。

我们现在把相似性解（3-34）引入涡量脉动方程（3-31）。由于 U_0/x 比 q/A 小，可以略去方程中对时间 t 的偏微商项，再在（$i=1$，$k=2$）的分方程中略去带有 $\partial^2U_x/\partial y^2$ 与 $\partial^2\tau_{xy}/\partial y^2$ 的两项，前者的数值比 $(1/A)\partial U_x/\partial y$ 的小；另从运动方程（3-52）得

$$\frac{1}{\rho}\frac{\partial^2\tau_{xy}}{\partial y^2}=-U_0\frac{\partial^2U}{\partial x\partial y} \tag{3-54}$$

故后者的数值比前者 $(q/A)\partial^2U_x/\partial y$ 的小，因此两项都可以略去，不等式 $U_0/x<q/A$ 与 $A|\partial^2U/\partial y^2|<|\partial^2U/\partial y|$ 将在求得平均速度与 Reynolds 似应力各分量分布之后再予以证明。

采用这些近似措施之后，再引进相似性解（3-34），乃得和（3-47）基本上相同的三偏微分方程；它俩的不同之处在于（3-47）中的平均速度 U_x 对 y 的微商须改为对 y 的偏微商。相似性条件的应用导致：

$$\frac{\partial U_x}{\partial y}\frac{q}{A}/\frac{vq}{A^3}=c_1,\frac{q^2}{A^2}/\frac{vq}{A^3}=R_A=c_2 \tag{3-55}$$

其中，c_1、c_2 为二常数，为方便起见，常数 c_1 可被吸收入涡旋尺度 A 之内，即 c_1 可令等于 1 而并不影响结果的普遍性，解 q^2 与 A，得

$$q^2=c_2^2 v\frac{\partial U_x}{\partial y},A=\left(v/\frac{\partial U_x}{\partial y}\right)^{1/2} \tag{3-56}$$

由于似应力各分量须相互成正比的关系，剪应力可写成下式：

$$\tau_{xy}=c\rho v\frac{\partial U_x}{\partial y} \tag{3-57}$$

c 始终是一常数，这是 Boussinesq 最初假定的公式，张国藩也曾提出过这样的关系。

根据似应力公式（3-57）解平均运动方程的速度分布是大家所熟知的，方程（3-53）中的函数 $f(\eta)$ 在积分后可写作：

$$f(\eta)=f_0 e^{-\frac{R_d}{4c}\eta^2}, \tag{3-58}$$

其中，f_0 是积分常数，R_d 为 Reynolds 数 $U_0 d/v$，这个理论公式是与 Townsend 的实验较为符合的（图 3-5），公式（3-58）中从实验得来的两个常数是 $f_0=0.93$，$R_d/4c=15.6$。

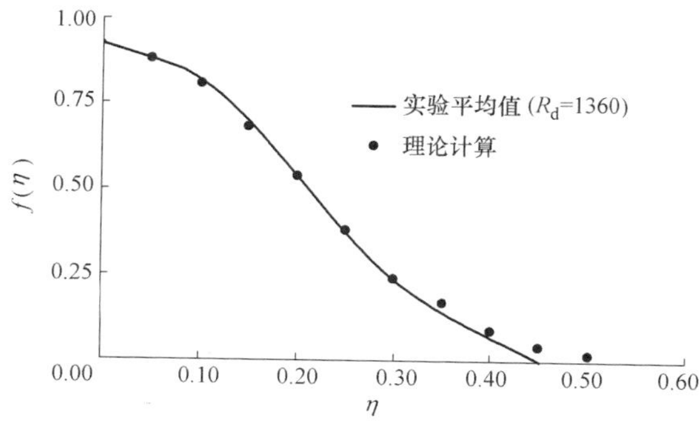

图 3-5　平均速度亏损分布（一）

依照现在的看法，$\overline{w_x^2}$、$\overline{w_y^2}$、$\overline{w_z^2}$ 都和 q^2 成正比，亦即和 $\partial U/\partial y$

成正比。除了尾流的中部和外部的边缘外，理论结果都和Townsend的实验（$R_d=1360$）甚为符合，如图 3-5 所示。三个理论公式中的比例常数是使在 $\eta=0.2$ 处的理论值与实验数据相等来确定的。

有了平均速度及速度脉动平方平均值的实验数据，可以反过来验证近似条件的准确程度，从而确定相似条件的有效范围。从以上数据，可以计算出 $R_A=c_2=9.53$，因此在尾流的涡量脉动方程中保留与黏性有关的涡量耗损项是必要的。在相似性条件（3-55）的有效范围内，即从 $\eta=0.15$ 到 $\eta=0.35$ 之间，$\partial U/\partial y$ 的数值与$\partial^2 U/\partial y^2$ 的比例最大约为 53，最小约为 6；在相同的范围内，q/A 与 U_0/x 之比在 30 与 9 之间。

从这些计算结果可知，似应力与平均速度对坐标梯度成正比的理论关系（3-57）只能在尾流内靠外面的部分有效；在尾流的中部和它外部的边缘相似性结论（3-55）不能成立（图 3-6）。

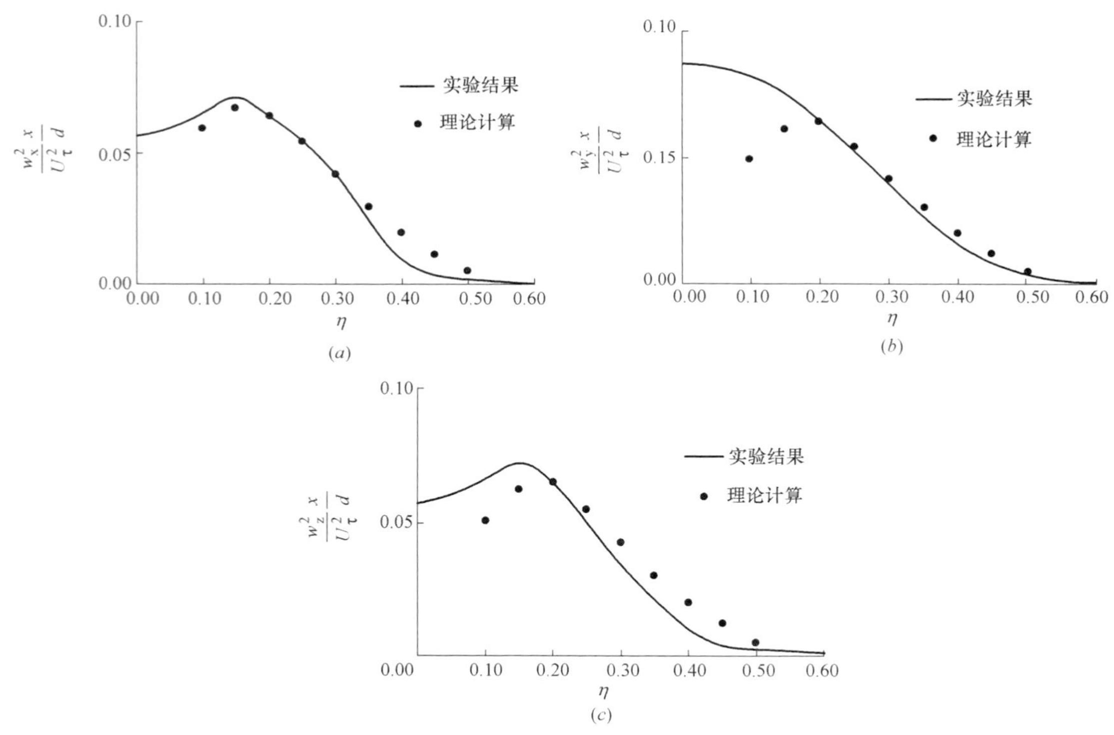

图 3-6　平均速度亏损分布（二）

依照现有的计算看来，在尾流的中部，$A\partial^2 U_x/\partial y^2$ 和$\partial U_x/\partial y$ 比较不能略去；在此处，相似性规律（3-55）须用其他形式代替。如果在尾流的中部略去涡量脉动方程中的黏性项，而采取受边界限制的湍流运动那样的相似性条件，就会得到与（3-41）相同的关系。这个理论公式曾被 Tollmien 用来计算尾流中的平均速度分布。根据现在的论点，他的计算也只能在尾流内部的偏中部有效。这说明在尾流偏中和靠外这两部分的湍流运动是由两种性质与大小都不同的涡旋所组成，在前者的涡旋结构中，涡量的黏性耗损可以近似地略去，而在后者则与黏性损耗有密切联系；前者的尺度约为后者的 $\sqrt{R_d}$ 倍。另外，在尾流中心附近的流动情况，应该和槽中心附近的流动情况类似，此处的涡旋有不同的涡性结构。

2. 轴对称湍性尾流与涡量脉动

采用柱坐标 x，r，ϕ，令 $x^1=x$，$x^2=r$，$x^3=\phi$，并以 x 轴与流体未受物体扰动前的流动方向相合，产生轴对称尾流。具有轴对称的物体是放在 x 轴上的，物体的对称轴线与 x 轴重合，以 U_x、U_r 代表在尾流中平均速度沿 x 轴方向的二分量，它们都是 x、r 的函数而与 ϕ 无关；U_φ 则恒等于零。以 w_x、w_r、w_φ 代表速度脉动的三分量。平均流动是定常的，在和流体平均流动一同运动的坐标系中的涡旋运动也有定常性，这在二元湍性尾流的流动问题中已经讨论过。

令 U 代表速度亏损，U 和 U_x 的关系同式（3-51）一样，式（3-51）中 U_0 代表流体未受物体扰动前的速度。流体的平均运动方程可近似地写作：

$$U_0 \frac{\partial U_x}{\partial x}=\frac{1}{\rho}\frac{1}{r}\frac{\partial}{\partial r}(r\tau_{xr}) \tag{3-59}$$

平均速度在各不同 x 地点的相似性解可写成下列形式：

$$U_x=U_0-U=U_0\left[1-\left(\frac{d}{x}\right)^{2/3}F(\eta)\right],U_r=-\frac{1}{3}U_0\left(\frac{d}{x}\right)^{2/3}\eta F(\eta), \tag{3-60}$$

$$\eta=r/(d^2x)^{1/3}$$

式中所引进的 d 代表产生尾流的轴对称物体的直径，$F(\eta)$ 为待定函数。上式中的 U_x、U_r 也满足连续方程。

现在我们来计算本尾流中速度涨落所满足的运动坐标系中（3-31）涡量脉动方程。如同在二元尾流中一样，略去方程中对时间 t 的偏微分项，并引进涡量的相似性解（3-34）。由于 U_x、U_r 都是 x、r 的函数，轴对称尾流的涡量脉动方程（3-31）要比圆管中相应的方程更为复杂。但依据（3-60），U_r 的数值比 U 小；同样，$\partial U/\partial x$ 比 $\partial U/\partial r$ 小，因此在涡量脉动方程中无须考虑 $\partial U_x/\partial x$、$\partial U_r/\partial x$、$\partial U_r/\partial r$、$\partial^2 U_x/\partial x\partial r$、$\partial^2 U_r/\partial x\partial r$、$\partial U_x/\partial r$ 等项；方程中带有 Reynolds 似应力各分量和它们的偏微商也可以略去，如同在圆管问题中

的一样，也略去比 $1/A$ 小的相应带有 $1/r$ 各项，三个涡量脉动方程在引进相似性解（3-34）之后，各项 ξ_1 函数的系数可归纳成下列四种：

$$\frac{\partial U_x}{\partial r}\frac{q}{A},\frac{\partial^2 U_x}{\partial r^2}q,\frac{q^2}{A^2},\frac{vq}{A^3} \tag{3-61}$$

前三种和流体的黏性无关，而第四种则代表由于流体黏性作用的涡量损耗，从前三种系数，我们可以计算出速度脉动值 q 与湍流涡旋尺度 A 和 x 的关系。把 U_x 的函数形式从（3-60）带入上列前三式，并要求它们有同样的 x 函数，可得

$$q\sim U_0\left(\frac{d}{x}\right)^{2/3},A\sim(d^2x)^{1/3} \tag{3-62}$$

由于在本流动问题中 $R_A=qA/v$ 和 x 有关，与二元尾流的相似性条件在轴对称尾流中有所不同。像在二元尾流中一样，如果在尾流的靠外面部分考虑 $|A\partial^2U_x/\partial r^2|$ 比 $|\partial U_x/\partial r|$ 小的区域内的相似性解，则从相似性条件得出的相当于（3-55）的结论可写作：

$$\frac{\partial U_x}{\partial r}\frac{q}{A}/\frac{vq}{A^3}=c_1\left(\frac{d}{x}\right)^{1/3},\frac{q^2}{A^2}/\frac{vq}{A^3}=R_A=c_2\left(\frac{d}{x}\right)^{1/3} \tag{3-63}$$

其中，c_1、c_2 皆是常数，而可被纳入 A 之内。解 q^2 与 A，得

$$q^2=c_2^2v\left(\frac{d}{x}\right)^{1/3}\frac{\partial U_x}{\partial r},A=\left(\frac{d}{x}\right)^{1/3}\left(v/\frac{\partial U_x}{\partial r}\right)^{1/2} \tag{3-64}$$

因此，剪应力 τ_{xr} 可写成

$$\tau_{xr}=c\rho v\left(\frac{d}{x}\right)^{1/3}\frac{\partial U_x}{\partial r} \tag{3-65}$$

此处 c 是另一常数。把上列应力公式代入平均运动方程（3-59）并积分，得速度亏损 U 中的函数 F 如下：

$$F=F_0c^{-\alpha\eta^2}\left(\alpha=\frac{R_d}{6c},R_d=U_0d/v\right) \tag{3-66}$$

式中，F_0 为积分常数，这个平均速度分布是和实验相符合的。

在轴对称尾流的偏中部分，$A\partial^2U_x/\partial r^2$ 和 $\partial U_x/\partial r$ 比较不能略去，相反，如果略去涡量脉动方程中的黏性项，则相似条件要求（3-61）中的前三项须成正比。这就得出与（3-41）相同的相似性解。

3. 讨论

本节中涡量脉动相似性结构的论点在一定流动范围内可以使平均流速与 Reynolds 似应力的分布和实验结果相符合。在引进了相似性条件之后，无量纲的涡量脉动方程仍旧是非线性的；在有相似

性结构的湍流场内，它们是求速度关联函数的数学依据。本节理论推导出了一个湍流涡旋尺度 A，这个尺度在槽、圆管与沿半平板等受边界限制的运动问题中和 Von Kármán 相似性理论中的混合长度相当；在这些流动问题中它只和平均速度的微商有关，与流体的黏性无关。在自由湍流（如尾流靠外面部分）的流场内，A 则与流体的黏性有关，因此与 Taylor 的湍流微尺度 λ 有相同的性质；两种涡旋尺度的尺寸不一样，前者比后者大。涡旋尺度 A 与湍流微尺度 λ 的准确关系，须从上述经过相似性变换之后的非线性涡量脉动方程的解计算出速度关联之后才能确定。

湍流的相似性解只能在一定的流动范围内有效，而在不同的运动问题，甚至在同一运动问题中不同的流场内有不同的相似性解，也反映了相似性理论在湍流运动问题中应用的局限性。由此也可以认识到：把同一个流动问题（如二元湍性尾流）的各个不同的相似解联系起来，须依靠求原始的涡量脉动方程较为严格的解。

3.4　平流沉淀与浅层沉淀

3.4.1　沉降速度的计算

利用悬浮固体的重力沉降作用分离悬浮固体的构筑物都称为沉淀池。一般的沉淀池都是用来分离原水经过混凝过程之后所形成的絮体，但在原水的含砂量很高的情况下，在混凝沉淀以前，往往要预先去除一部分泥砂，这时原水就不经过混凝过程，泥砂的沉淀属于自然沉淀，这种沉淀池称为预沉池。离散的悬浮固体颗粒的自由沉降是设计一般沉淀池（设备）所依据的假定，因此，无论是自然沉淀或者是混凝沉淀，其设计的理论都是一样的。

平流沉淀池是最早使用的一种沉淀设备，由于它具有工作较可靠，适应水质变化能力较强等优点，目前仍然在采用。通过平流沉淀池的讨论，可以对各种沉淀设备的水力学条件以及工艺设计的有关参数，起一般性的理解作用。

平流沉淀池是一个矩形构型的池子，也称矩形沉淀池，其工作过程模型见图 3-7。

整个池子可分为进口、沉淀、出口和集泥排泥四区。絮凝池出来的水先进入沉淀池的进口区。进口区包括配水渠和配水孔的射流扩散区。进口区的作用是将整个沉淀池的流量和其中所含颗粒物均匀分布在沉淀池的横断面上。沉淀区是沉淀池的核心部分。在整个沉淀区内假定下列条件成立：①水体的水平流速皆为 v；②悬浮颗粒以它的沉速 u 和 v 的合成速度向斜下方沉淀。在图 3-7 中已表示出在沉淀区起点的水面处，沉速为u_0的颗粒下沉到池底的轨迹。这个u_0直接决定了沉淀区长度与深度间的关系，也就间接定了沉淀池的长度和深度，因为其他各区的尺寸变化不大。出口区指收集经沉淀区来水的构筑物所需包括的区域。沉淀水一般经集水堰进入集水渠后流到池外。由于整个沉淀区深度的水须向集水堰口收缩集中，所以需要一定长度，如图中所示。沉泥区是为了收集从沉淀区沉下来的悬浮固体而设的，这一区的深度和底部的构造根据沉淀池的排泥方法而定，排泥区的底也就是沉淀池的底。

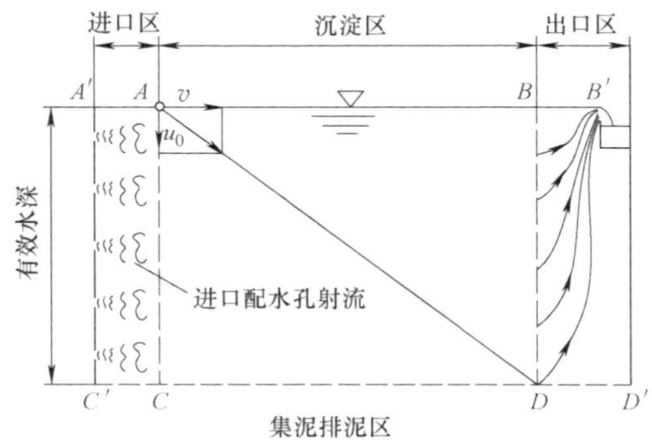

图 3-7　平流沉淀池工作模型

从沉淀区的模型可以看出，虽然断面流速相等，符合活塞流反应器的流速分布条件，但假定断面的水流流速都是相等的，这显然不符合明渠断面流速的分布规律，在沉淀区内，除了进口区的悬浮固体在断面上的浓度可以认为是均匀分布外，由于颗粒物在沉淀区内的不断沉淀，每个断面悬浮固体的分布都是不均匀的，所以沉淀区并不符合活塞流反应器的全部条件。但是，沉淀区模型的概念能和自由沉淀实验的资料大致吻合，作为设计沉淀池的理论基础，在实践中证明是可行的。下面对沉淀区内发生的沉淀过程进行详细的分析。

图 3-8（a）画出了图 3-7 沉淀区 $ABCD$ 中一些更具体的过程，并画出了几类不同大小的颗粒在沉淀过程中的行为。AD 对角线代表沉速为u_0的颗粒下沉到底的轨迹。由于u_0颗粒位于进口水面处，所以沉淀区中凡是下沉速度大于或者等于沉速u_0的颗粒，都会100%地被去除掉。但应该指出，小于沉降速度u_0的颗粒，也能去除一部分，这在图 3-8（a）中以沉降速度为 u 的颗粒表示出来了。在 E 点的颗粒，如果它的下沉速度 u 与 v 的合成速度方向恰好交在 D 点上，即使 $u<u_0$，也恰好被去除掉。同时可以看出，沉速为 u 的颗粒，如果处在 E 点的下面，也一定要被去除掉，由于颗粒在断面上是均匀分布的，EC 和 AC 长度的比值也代表了断面上颗粒数

目的比值，因此沉速为 u 的颗粒被去除的百分数应为

$$\frac{EC}{AC}\times 100\%=\frac{u}{u_0}\times 100\%$$

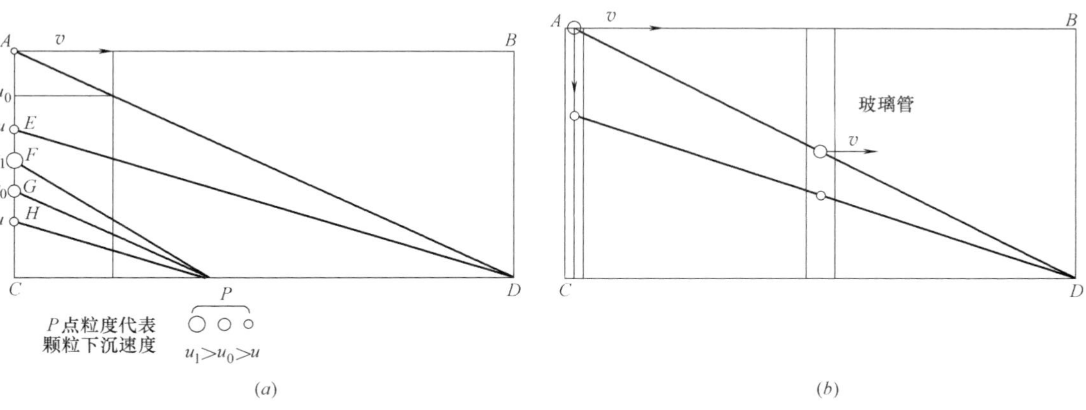

图 3-8　沉淀池内的沉淀模型

由以上讨论可知：①沉淀池出水中的颗粒，其下沉速度都小于沉降速度 u_0；②沉淀区中去除掉的颗粒，包括原水中全部沉速 $u\geqslant u_0$ 的颗粒，及一部分沉速 u 小于 u_0 的颗粒，这部分颗粒被去除的百分数为$\frac{u}{u_0}\times 100\%$。图 3-8（$a$）表示从沉淀区开始的断面上的 F、G、H 三个点下沉到 P 点的三种颗粒，其沉速 $u_1>u_0>u$，按上面的关系，GP 应平行于 AD，HP 应平行于 ED，而 FPC 夹角应大于 ADC 夹角。

沉淀区模型的概念可以和沉淀实验的过程直接联系起来，如图 3-8（b）所示。如果高度为 AC 的沉淀管以沉淀区的流速沿沉淀区前进，则可看出，在沉淀管中发生的颗粒沉淀过程，与沉淀区完全一致，u_0 相当于沉淀实验的 u_t。由于沉淀管的高度与实验结果无关，所以用水深小于 AC 高度沉淀管所得的结果，可用式（3-67）来计算沉淀区的沉淀效率。因为 u_0 相当于沉淀实验的 u_t，故也可称为沉淀池的特征沉降速度。

$$p = 100 - P_t + \frac{1}{u_t}\int_0^{P_t} u\mathrm{d}P \qquad (3\text{-}67)$$

由沉淀区模型的概念可知，在流量已定的条件下，沉淀区的尺寸是由 u_0 和 v 两个因素决定的。u_0 反映去除悬浮固体的效率，是最基本的因素，u_0 和 v 的比值决定了沉淀区的深度与长度之比，由流量除以 v 得出沉淀区的断面面积（深×宽），故当选用较浅和较短沉淀区时，为了保持断面面积不变，必然得出与之相应的较宽的沉

淀区。由沉淀的深度除以 u_0 或由沉淀区的长度除以 v，即得出沉速为 u_0 的颗粒在沉淀区的停留时间。停留时间也可表示为沉淀区的容积除以流量，可由下式看出

$$\text{停留时间}=\frac{\text{长}}{v}=\frac{\text{长}\times\text{宽}\times\text{深}}{v\times\text{宽}\times\text{深}}=\frac{\text{沉淀区容积}}{\text{流量}}$$

$$=\frac{\text{深}}{u_0}=\frac{\text{深}\times\text{长}\times\text{宽}}{u_0\times\text{长}\times\text{宽}}=\frac{\text{沉淀区容积}}{\text{流量}}$$

因此，u_0 与停留时间可以代替 u_0 和 v，同样能起决定沉淀区尺寸的作用。

上述利用表面负荷和停留时间来决定沉淀区尺寸的概念可以用来设计沉淀池的尺寸，但在实际的沉淀池中，断面的流速并不是常值 v，另外还有水流脉动等诸多影响速度分布的因素，加上设计时以考虑池子的总长为主要因素，这样，为了达到原来在理想沉淀区按表面负荷 u_0 所取得的悬浮固体去除率，必须对沉淀区的停留时间，乘以一个大于 1 的校正系数，得出一个更长的停留时间，因之也得到一个相应的池长，所计算得的表面负荷 u_{0a} 也就比 u_0 为小。也可以解释为，由于实际池子采用的 $u_{0a}<u_0$，从而得到了一个更长的停留时间。

3.4.2 平流沉淀池设计

把决定沉淀区尺寸的概念应用于平流沉淀池的尺寸设计，可按如下步骤进行：①沉淀实验或杯罐实验数据，根据所需的悬浮固体去除率定出表面负荷 u_0；②选择一个比 u_0 小的 u_{0a} 作为沉淀池的表面负荷，u_0/u_{0a} 的比值可称校正系数或修正系数，一般约定为1.1～1.3，这个系数照顾了沉淀池总长（包括了进口和出口两个部分长度）以及其他因素影响；③由流量、u_{0a} 和 v 或者由流量、u_{0a} 和停留时间设计沉淀池的深度、长度和宽度。v 和停留时间都是根据经验选用，表 3-2 给出了一些平流沉淀池以及与之衔接的隔板反应池的实际运行数据统计值。

平流沉淀池的运行数据统计　　　　表 3-2

项　目	单　位	运转指标			规范规定指标
		最　大	最　小	平　均	
反应时间	min	38～54	5.8～8.1	22	20～30
反应池流速	m/s	0.42～0.58	0.034～0.05	0.235	0.2～0.5
速度梯度 G	s^{-1}	99～153	15.3～22.6	56.5	—

续表

项　目	单　位	运转指标			规范规定指标
		最　大	最　小	平　均	
GT 值	10^4	7.86～9.76	3.08～3.24	4.75	—
停留时间	h	2.0～4.0	0.69～0.88	1.96	1～3
水平流速	mm/s	35.2～45.1	4.05～8.55	15.3	5～20
沉淀池长度	m	202.8	42	94	—
沉淀池深度	m	3.9～5.1	2.75	3.26	3～4
沉淀池速度 u_0'	mm/s	0.87～1.10	0.126～0.36	0.54	—
表面负荷	$m^3/(d \cdot m^2)$	80～101.5	18～38	49	—
雷诺数 Re	10^4	5.44～13.5	0.48～2.08	3.6	—
弗罗德数 Fr	10^{-5}	4.25～8.55	0.086～0.39	1.63	—

用于混凝沉淀的平流沉淀池，其沉淀效果主要决定于前面良好的混凝过程和池体本身有利于沉淀的实际水流条件，这涉及诸多因素。因此，要把沉淀池尺寸设计得很精确，在理论上极难定义，在实际上也没有必要。

对于颗粒沉淀过程产生不利条件的因素有：①断面流速偏离图3-7 所示的沉淀池模型平均分布；②水流流型不稳定，因而沉淀效率不稳定；③由于进水与池内水的温差或者悬浮固体浓度差所产生的异重流；④由于紊动以及池内机械设备的运动所产生的混合作用。

断面流速的分布以及紊动的程度与水流的雷诺数有关。平流沉淀池的水流雷诺数可用下列明渠的公式计算：

$$Re=\frac{vR}{\nu} \tag{3-68}$$

$$R=\frac{BH}{B+2H} \tag{3-69}$$

式中　v——沉淀池横断面平均流速（m/s）；

R——断面的水力半径（m）；

B——断面的宽（m）；

H——断面的水深（m）；

ν——水的运动黏度（m^2/s）。

当明渠的水流雷诺数大于 500 时，水流即属于紊流状态。由表3-2 可知，平流沉淀池的水流雷诺数一般都远大于此数，故属于紊流状态。在紊流状态下，断面上的流速分布比层流更均匀一些，使紊流的流速分布更接近于图 3-7 所示的沉淀区模型，这是紊流有利的一面。

图 3-9 和图 3-10 所示分别为一座生活废水经过氯化铁和聚合物处理的混凝沉淀池中，在三个表面负荷条件下的流速和悬浮固体浓度等值线图。三个表面负荷相当于三个平均断面流速，代表了三个紊流程度。从图 3-9 可知，在所给的三个平均流速条件下，断面的最大流速都出现在 0.4～0.8m 的水深内。图 3-9 和图 3-10 还表示出，在断面流速最大，即紊流程度最大的一幅图中，流速和悬浮固体浓度沿池长的分布所显示的规律性也最好。图 3-9 和图 3-10 中池深的比例尺约为池长比例尺的 5 倍，使图中的等值线显得过分倾斜，实际的等值线应该平缓得多。

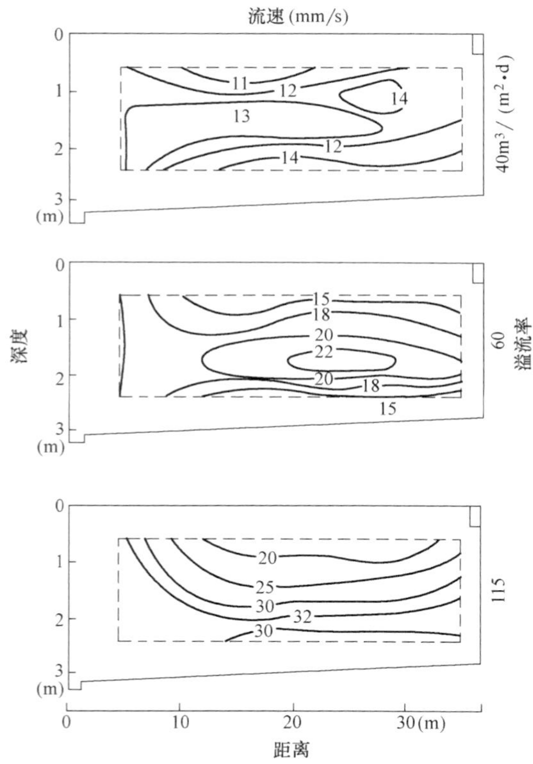

图 3-9　平流沉淀池内的流速等值线

图 3-9 所示的沉淀池，由于紊动所产生的涡旋混合作用可用下列有效涡旋系数的经验公式表示

$$C_x=\left[\frac{6}{u^{1.1}}(4.69+0.024u^2)^{0.1}\right]^{0.5} \tag{3-70}$$

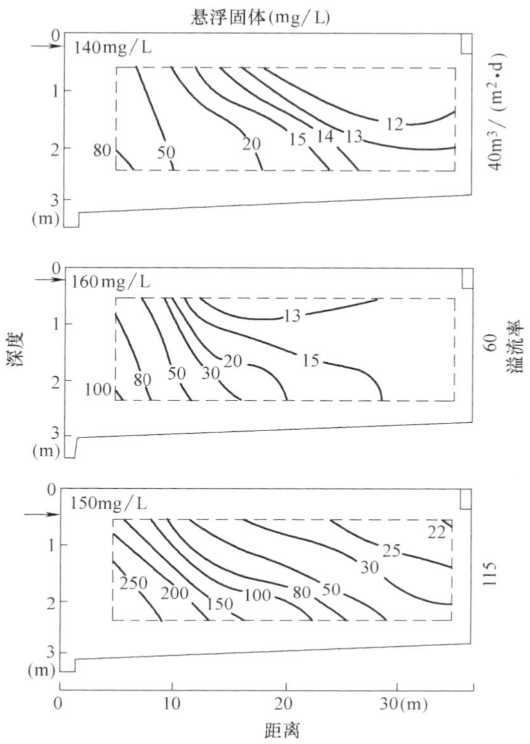

图 3-10　平流沉淀池内的悬浮固体浓度等值线

$$C_z=\left[\frac{6}{u^{1.1}}(3.23+0.001u^2)^{0.1}\right]^{0.5} \tag{3-71}$$

式中，C_x和C_z分别表示水平方向及垂直方向的涡旋系数，但两者数值基本相等。沉淀池内各点的悬浮固体浓度可以表示为C_x和C_z的函数。当表面负荷从 33m³/(d·m²) 增大到 120m³/(d·m²) 时，变化约 4 倍，停留时间相应为 2 和 0.5h，计算出C_x和C_z的值在 0.45～0.64 范围内变化。最大值仅为最小值的 1.5 倍左右，而实测的悬浮固体去除率值在 81%～91%内变化。

从上述废水沉淀池的研究成果可以进一步得出，对于能够迅速沉淀的大粒度絮体，在水平流速达 30～60mm/s 的紊动条件下［相应的雷诺数为 (5～10)×10⁴］，紊动对于沉淀过程无损害影响。

水流对沉淀过程所产生的最大损害可能是异重流。当进入沉淀池的水温低于池内的水温时，由于其密度较大，便会沉到池子的下部流动，原来池子中的温度较高的水便浮在池子上部。这个现象称为异重流。反之，当进水的温度高时，则出现进水浮在池子上部的异重流。同样，由于池子进水和池内水所含悬浮固体浓度不同所产生的密度差，也会出现异重流。在 10～20℃内，每增加 0.5℃水的密度约减少 0.105kg/m³。每增加 100mg/L 悬浮固体，如按固体比重 2.65 计，水的密度约增加 0.0623kg/m³。图 3-11 所示为一座沉淀池模型出现的温度异重流实例。由于池子进口区设计的缺点，在温差仅为 0.3℃时便出现严重的异重流，异重流使池子上部约 3/5 的池子容积成为出现环流的死水区。

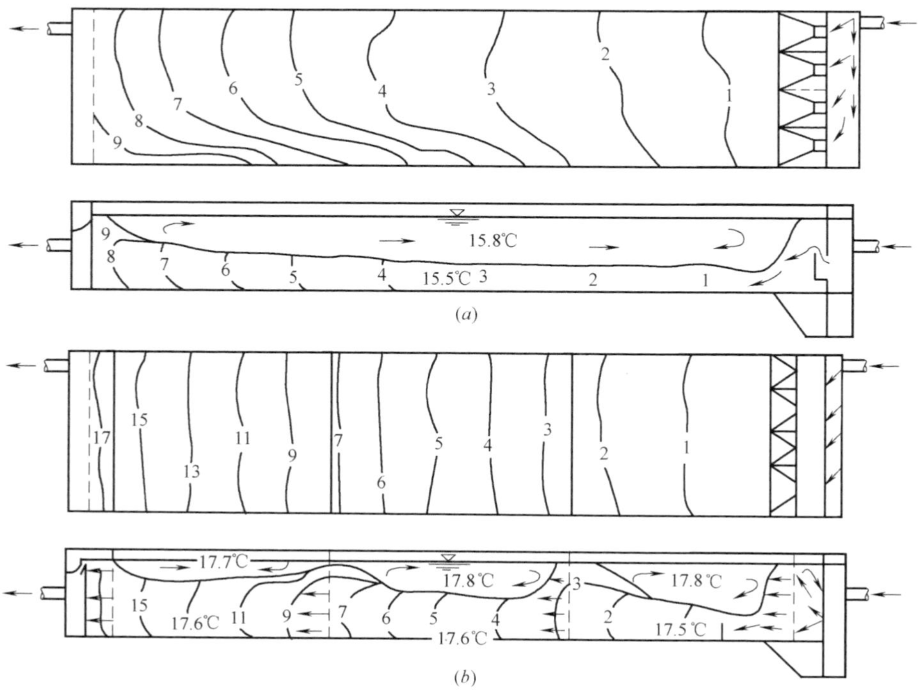

图 3-11 平流沉淀池的温差异重流
(a) 原来的池子；(b) 池内增设穿孔墙

控制异重流出现的办法首先是控制水流流型的稳定性。由于沉淀池的水流是一种重力流，水流流型的控制要用到水流的弗罗德数。在出现异重流的情况下，弗罗德数应该按下列公式计算：

$$Fr'=\frac{v^2}{\left(1-\frac{\rho}{\rho'}\right)gR}=\frac{v^2}{\left(\frac{\Delta\rho}{\rho'}\right)gR} \tag{3-72}$$

式中，ρ'代表含悬浮固体浑水或者低温水的密度，ρ 为清水的密度，$\Delta\rho$ 为密度差，R 为沉淀池断面的水力半径，v 为流速。引用明渠的研究结果，在下述条件下，沉淀池内出现稳定的异重流：

$$Fr'=\frac{v^2}{\left(\frac{\Delta\rho}{\rho'}\right)gR}=0.2^2\sim0.7^2 \tag{3-73}$$

利用上述关系，当密度差 $\Delta\rho=0.167\text{kg/m}^3$，即相当于进入沉淀池的水温比池内低 0.5℃，同时多含 100mg/L 悬浮固体时，为了不出现异重流，必须满足下列条件：

$$Fr'=\frac{v^2}{gR}>(0.2^2\sim0.7^2)\times\frac{0.167}{1000} \tag{3-74}$$

上式右边的数值为 $(0.7\sim8)\times10^{-0.5}$，故可取不出现异重流的条件为

$$Fr'=\frac{v^2}{gR}>10^{-5}\sim10^{-4} \tag{3-75}$$

因此，加大沉淀池的水平流速，由于 Fr 数增大，也就起增加沉淀池的抗异重流性，保持水流稳定的作用。同样可得，当进水比池内水多含 1000mg/L 悬浮固体时，Fr 应 $>3\times10^{-5}\sim4\times10^{-4}$ 才能做到池内不出现异重流。

刮风也是影响沉淀池水流的一个重要因素，大风使沉淀池处于下风一边的水面抬高，导致在池底产生反向的环流。这种环流会产生水流的短路、死水区或搅起已沉淀的悬浮物。当大风的方向系沿池子的纵向时，其危害尤其大。

平流沉淀池的平流条件虽然可以通过进出口的布置以及其他措施得到改善，但始终不能达到如图 3-7 所示的模型那样工作。为了评价沉淀池的水流条件，必须用示踪剂测出池子的液龄分布曲线 $E(t)$ 来。一般可用 1%的氯化钠溶液为示踪剂。图 3-12 给出了图 3-9 所示平流沉淀池以及其他两种类型沉淀池测得的 c/c_0 对 t/Θ 曲线。c_0 为每单位池子容积所加的示踪剂重量，c 为时间 t 的示踪剂浓度，Θ 是沉淀池的平均停留时间。t/Θ 称为无量纲时间。采用无量纲时间才能在一张图上把尺寸不相同的沉淀池的结果同时表示出来。根据液龄分布曲线公式

$$E(t)=\frac{Q}{m}c(t) \tag{3-76}$$

可知，$E(t)$ 曲线可由 $(Q/m)c(t)$ 曲线得出，而 $(Q/m)c(t)\text{d}t$ 所代表的物理意义与图 3-12 中 $(c/c_0)\text{d}(t/\Theta)$ 所代表的物理意义一样，两者也都是无量纲的，这说明图 3-12 的曲线完全具有 $E(t)$ 曲线的特性。

从图 3-12 可看出，平流沉淀池的液龄分布曲线和其他两种类型不同、大小悬殊的池子一样，有两个特点：①在平均停留时间以前，所加的示踪剂就已经出现在出水中，而在超过平均停留时间很久时，示踪剂尚未流完；②在达到平均停留时间时，绝大部分示踪剂已流出池外。这两个特点说明平流沉淀池的实际水流情况远远偏

离了图 3-7 的模型假设。因为平流沉淀池的模型与活塞流反应器很接近。示踪剂应该集中在无量纲时间 $t/\Theta=1.0$ 附近的一小段时间内流出池外（活塞流反应器在 $t/\Theta=1.0$ 时全部示踪剂应同时流出），不能像图 3-12 那样地分散流出。

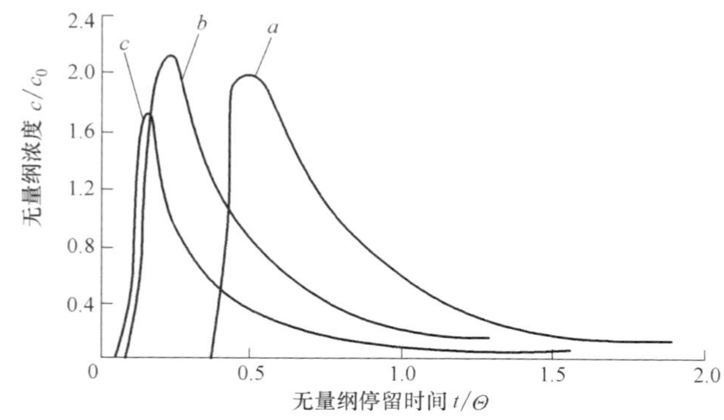

图 3-12　沉淀池的 c/c_0 对 t/Θ 曲线

a—平流沉淀池，长 41.1m，宽 9.2m，平均深 2.7m；b—辐流沉淀池，直径 36.6m，平均深 3.7m；c—竖流沉淀池模型，直径 2.4m，平均深 2.4m

为了对沉淀池的水流条件进行评价，常用水力效率这一术语，其定义如下：

$$水力效率=\frac{(50\%的示踪剂流出池子的时间)\times 100\%}{沉淀池的理论停留时间}$$

50%的示踪剂流出池子的时间，也就是把 $E(t)$ 曲线所包围的面积分成两等份的时间。按上述定义，活塞流反应器的水力效率应为 100%，而理想的平流沉淀池模型也应接近 100%。图 3-12 所示的平流沉淀池，当表面负荷从 $49m^3/(d\cdot m^2)$ 增加到 $98m^3/(d\cdot m^2)$ 时，其水力效率基本为 73%～74%。在同样的条件下，辐流沉淀池则由 33%增到 42%；竖流沉淀池从 55%增为 73%。当表面负荷降为 $36m^3/(d\cdot m^2)$ 时，平流沉淀池的水力效率仍为 72%，而其余两池则分别降为 30%和 38%。这些数据充分说明了平流沉淀池的水流相当稳定，也有助于对其他形式沉淀池性能的理解。

3.4.3　浅层沉淀设备

由图 3-7 可知，在水平流速 v、颗粒沉速 u_0 和流量已定的条件下，平流沉淀池沉淀区的横断面面积必然固定不变，但由于沉淀区的长和深的比是由 v/u_0 定的，故沉淀区的纵断面面积可以随所选择的高度而定。如果选很小的高度，则长度必然很短，纵断面的面积就很小，从而得到一个容积很小，但又能完成同样沉淀效率的沉淀区，整个沉淀池的容积也就随之缩小。这就是新型沉淀设备发展的浅层沉淀理论基础。

斜管或斜板沉淀池就是在这种理论基础上发展起来的，其沉淀区是由很多倾斜管子或斜板构成，沉淀过程也在这些管子中发生，为了便于安装，以数百根管子构成一个安装整体，称为斜管（板）组件。常用的斜管断面为正六边形，也称为蜂窝斜管。蜂窝斜管的总断面面积即相当于沉淀区的断面面积，每根蜂窝斜管的断面高度及长度，即分别相当于沉淀区高度及长度，由于高度很小，使蜂窝斜管的长度只需约 1m。这样，沉淀区的容积就大大缩小了。但为了沉下来的泥能够滑到池底，蜂窝斜管必须倾斜放置，这就导致斜管沉淀池变成一种进口、沉淀和出口三个区叠在一起的构造，成为一种斜竖流的沉淀池形式。因此，该种池型对于进口、出口配水的均匀性以及斜管工作稳定性的要求也就相应地更高。

由浅层沉淀池的构型可以看出，这种斜管或斜板沉淀组件可以加在任何沉淀设备中的具有竖流模型的沉淀区内，以提高设备的沉淀效率。

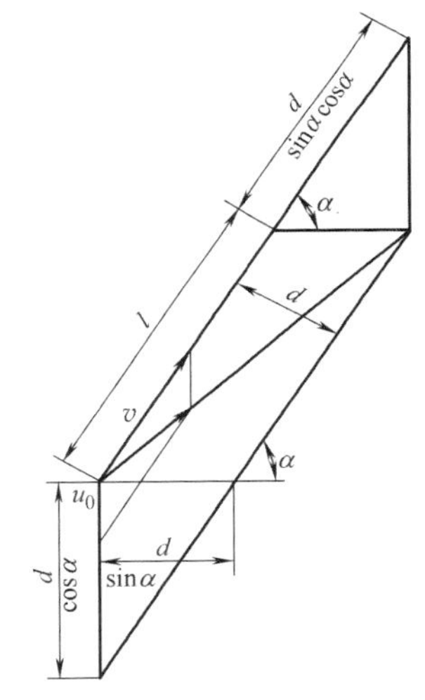

图 3-13　异向流沉淀单元的尺寸关系

下面讨论由异向流或同向流斜管和横向流斜板所构成的沉淀区的尺寸计算问题，这是沉淀池布置的依据，也是理解斜管斜板一类设备特点的基础。

1. 异向流斜管（板）沉淀

下面按矩形断面的沉淀单元推导公式。

图 3-13 表示出异向流斜管的纵剖面沉淀过程，斜管的倾斜角为 α，长度为 l，断面高度为 d，宽度为 w，单元内平均流速为 v，去除颗粒的沉降速度为 u_0。以 u_0 及 v 为两边的三角形和以 $d/\cos\alpha$ 及 $\left(1+\frac{d}{\sin\alpha\times\cos\alpha}\right)$为两边的三角形是相似的，所以得下列比例关系：

$$\frac{v}{u_0}=\frac{l+\dfrac{d}{\sin\alpha\times\cos\alpha}}{\dfrac{d}{\cos\alpha}}=\frac{l\sin\alpha\cos\alpha+d}{d\sin\alpha} \tag{3-77}$$

由式（3-77）可以得出沉淀单元长度

$$l=\left(\frac{v}{u_0}-\frac{1}{\sin\alpha}\right)\frac{d}{\cos\alpha} \tag{3-78}$$

沉淀单元的断面面积为 dw，则单元所通过的流量 q 应为

$$q=vdw \tag{3-79}$$

由式（3-77）解出 v 带入式（3-79），得出 q 和 u_0的下列关系：

$$q=dwu_0\left(\frac{l\cos\alpha}{d}+\frac{1}{\sin\alpha}\right)=u_0\left(lw\cos\alpha+\frac{dw}{\sin\alpha}\right) \tag{3-80}$$

上式中 lw 实际是沉淀单元顶边的面积，$lw\cos\alpha$ 为这个面积在水平方向的投影，可以用 a_f来代表。a_f可以进一步解释为整个沉淀单元外壁的面积在水平方向的投影（这里壁厚为零，所以两侧壁的水平投影面积为零）。dw 代表沉淀单元的断面面积，$\dfrac{dw}{\sin\alpha}$代表这个面积在水平方向的投影，可用 a 代表，a 同样解释为包括壁厚在内的断面的投影面积。这样，式（3-80）就可改写成下列简单形式：

$$q=u_0(a_f+a) \tag{3-81}$$

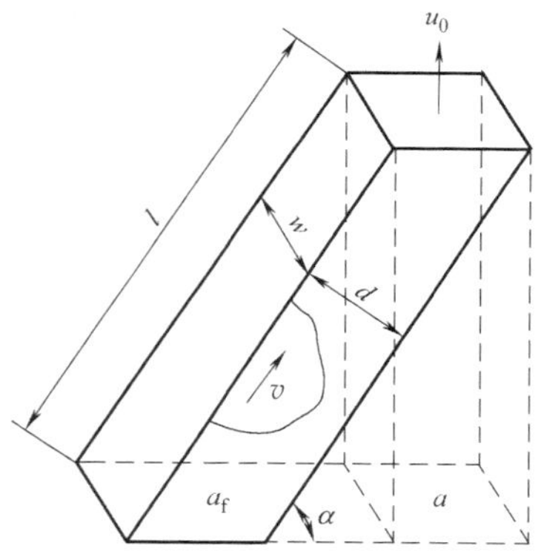

图 3-14　异向流沉淀单元的投影面积与表面负荷的关系

式（3-81）所代表的物理意义可结合图 3-14 来理解。图中画出了一个斜管单元的总投影面积 a_f+a。这个斜管单元的表面负荷应表示为

$$\text{表面负荷}=\frac{q}{a}=\frac{vdw}{a}=\frac{u_0(a_f+a)}{d} \tag{3-82}$$

式（3-82）是对斜管沉淀优于平流沉淀的最具体证明。在平流

沉淀池中，其表面负荷仅为 u_0，斜管沉淀的表面负荷为它的 $(a_f+a)/a$ 倍。这相当于，斜管把沉淀的面积 a 变成 a_f+a 来利用。因此，当倾角 a 越小，即 a_f+a 越大时，斜管的效率越高，但为了沉泥的下滑，a 当然不能太小。

沉淀池沉淀区所需要的实际面积应该把斜管的壁厚和偏离图 3-13所示的理想条件考虑进去，仿照式（3-81）可以把沉淀池的流量写成

$$Q=\eta u_0(A_f+A) \tag{3-83}$$

$$A_f=na_f \tag{3-84}$$

$$A=na \tag{3-85}$$

式中　Q——沉淀池流量（m^3/s）；

n——沉淀单元数：

A_f——一个沉淀单元外壁的水平投影面积，包括壁的厚度在内（m^2）；

A——一个沉淀单元横断面的水平投影面积，包括壁厚在内（m^2）；

η——0.7～0.9，一般可采用 0.75～0.85。

系数 η 是考虑了下列两个因素列入公式（3-83）的：第一，以断面的平均流速 v 代替各点的实际流速对于计算沉淀长度的影响；第二，进出口等其他因素对于沉淀长度的影响。第一个因素在 $v/u_0<10$ 时，对水力半径 $R=d/4$ 的断面，影响最大，按平均流速计算出的沉淀长度比按断面真正的流速分布计算出的长度约短 30%。当水力半径 $R=d/2$ 时，按平均流速计算的长度与按流速分布所计算的长度则一样。

$$l'=\frac{1}{\eta}\left(\frac{v}{u_0}-\sin\alpha\right)\frac{d}{\cos\alpha} \tag{3-86}$$

式（3-83）和式（3-86）是计算沉淀区尺寸的基本公式。当选用现成斜管/板组件产品时，由于沉淀单元的长度 l'、内径 d 和倾角 α 已定，因此，在系数 η 选定的条件下，v 和 u_0 两个参数中只要再定一个数值，即可计算出另一个参数的数值。这些数值也可根据表 3－2 的经验数据定出。另外要注意的是可靠的 u_0 值应该是通过沉淀实验定出的，而 v 不应该大于斜管内沉淀的絮体的下滑速度。下滑速度可参考表 3-3。

絮体的下滑速度　　**表 3-3**

氢氧化铝絮体大小	下滑速度(mm/s)
大粒絮体	4.4
中等大小絮体	3.0
重新沉淀的分散絮体	1.4

在利用公式（3-83）时，必须注意两点：①A_f和 A 只是斜管本身（壁厚在内）的面积，沉淀区因安装斜管的结构需要，还要增加一些面积；②注意 $A_f=na_f$和 $A=na$ 的具体含义。当选用的斜管组件含 n_m根斜管，每根斜管的壁和断面的投影面积为 a_f及 a 时（因斜管组件的管壁是公共的，a_f和 a 只能算半个壁厚的面积），则每个组件的处理流量 $Q_m=\eta u_0$（$A_{fm}+A_m$），这里 $A_{fm}=n_m a_f$，$A_m=n_m a$，应先求出来。

2. 同向流斜板沉淀

同向流斜板沉淀池的公式可以仿照异向流公式的推导方法得出。有关的符号见图 3-15，下降速度为 u_0的颗粒在斜管顶的左端开始下沉，其沉淀轨迹仍沿斜板中的流速与 u_0的合成速度方向，沉到斜板沉淀单元底时，斜板长为 l。

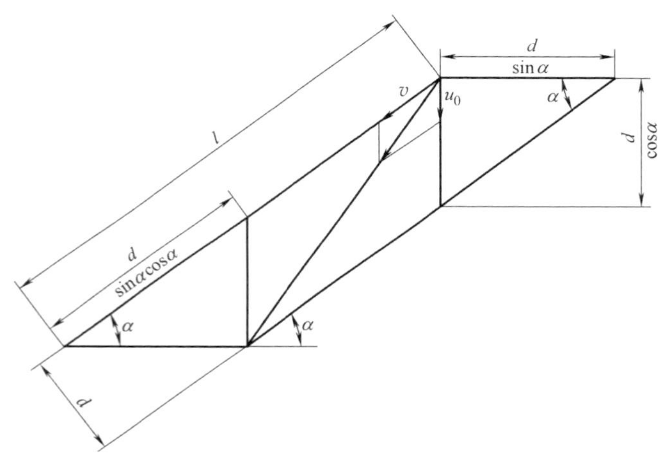

图 3-15　同向流沉淀单元的尺寸关系

利用 v 和 u_0所构成的三角形与 $l-\frac{d}{\sin\alpha\cos\alpha}$和$\frac{d}{\cos\alpha}$所构成的三角形间的相似关系可得出斜板的理论长度 l 和实际长度 l'分别为

$$l=\left(\frac{v}{u_0}+\frac{1}{\sin\alpha}\right)\frac{d}{\cos\alpha} \tag{3-87}$$

$$l'=\frac{1}{\eta}\left(\frac{v}{u_0}+\frac{1}{\sin\alpha}\right)\frac{d}{\cos\alpha} \tag{3-88}$$

系数 η 可取 0.8～0.9。η 系数的概念和异向流公式一样。

一个斜板单元的理论流量 q 为

$$q=u_0(a_f-a) \tag{3-89}$$

式中，a_f和 a 分别为斜板单元的上斜边和断面的水平截面面积。同

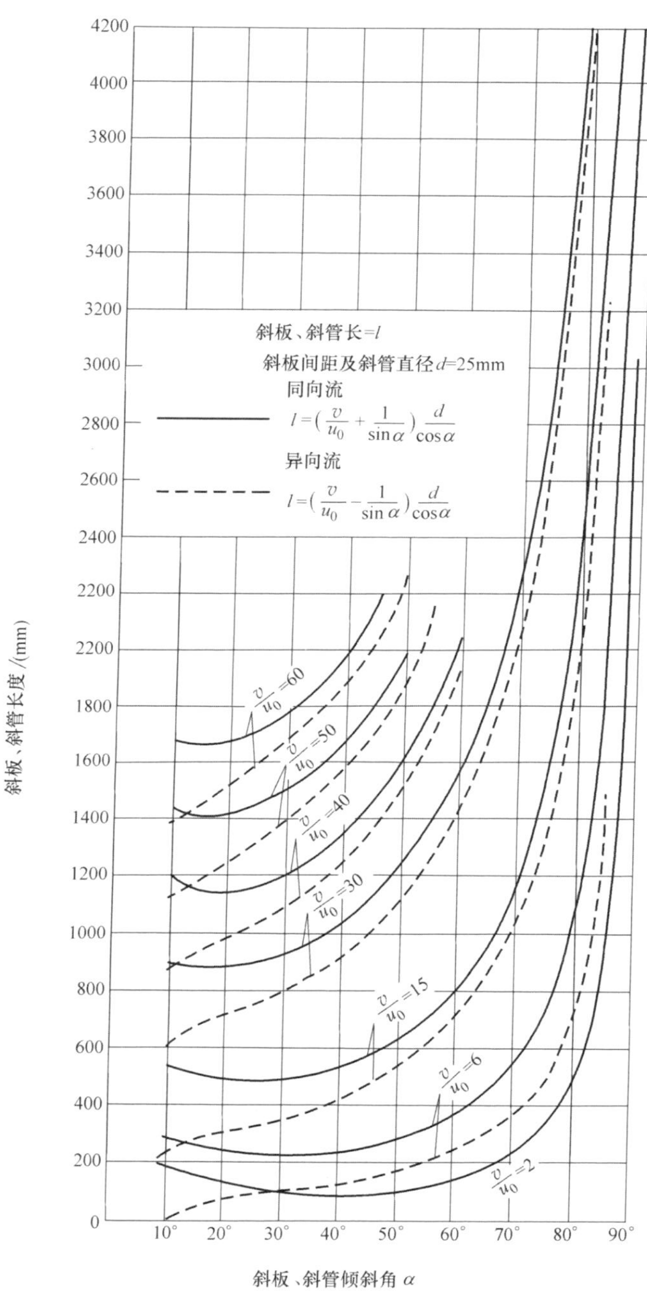

图 3-16　斜管和斜板的理论长度

样，可以把斜板沉淀池的设计流量 Q 表示为

$$Q=\eta u_0(A_f-A) \tag{3-90}$$

$$A_f = na_f \tag{3-91}$$

$$A = na \tag{3-92}$$

注意上式中的 a_f 和 a 同样已把斜板沉淀单元的壁厚包括在内。

图 3-16 表示出了异向和同向流斜管/板的高度 d=25mm 在不同 v/u_0 比和倾角下的理论长度，即分别由式（3-78）和式（3-87）所得的 l 计算值。从这两个公式可以看出，对于 v/u_0 比和倾角 α 相同，但高度 d 不是 25mm 的斜管/板实际长度 l' 可用下式计算

$$l' = \frac{1}{\eta} \times \frac{d}{25} \times l \tag{3-93}$$

由于同向流的水流与泥流同向，v 不受泥下滑速度的限制，一般采用 15～20mm/s，相应的表面负荷 $v\sin\alpha$ 为 30～40m^3/(h·m^2)，比异向流约大 3～4 倍。但相应地同向流的斜板却比异向流约长 1 倍。例如，在 u_0 已定的条件下，当异向流的 v/u_0 比采用 15，倾角 60°时，从图 3-16 得出斜管长 l 为 800mm，但在同向流，v/u_0 比约为 60，倾角 40°时，由图知斜板长约为 1900mm。

斜板、斜管沉淀参数的经验数据可参看表 3-4。

异向流、同向流斜板、斜管数据　　　　表 3-4

项　目	斜板、斜管流速 v(mm/s)	沉降速度 u_0(mm/s)	斜板、斜管倾斜角 α(°)	斜管、斜板长度 l'(m)	斜管、斜板断面高度 d(mm)
异向流斜管	2～4	0.3～0.6	55～60	1.0～1.2	25～35
异向流斜板	3～4	0.3～0.6	55～60	1.0～1.2	35～50
同向流斜板	20～25	0.3～0.6	30～40	2.0～2.5	35～50

3. 侧向流斜板沉淀

侧向流斜板沉淀池的布置和斜板沉淀单元间的工作过程类似同向流。在沉淀单元间颗粒物的沉淀过程完全和平流沉淀池一样。特性沉速为 u_0 的颗粒，其沉淀的轨迹是沉淀单元中的一块斜板的顶边和另一块斜板的底边所构成的矩形的对角线，这个矩形应该垂直于池子的水面。由相似三角形的关系得出

$$\frac{v}{u_0} = \frac{L}{l\sin\alpha} \tag{3-94}$$

式中　L——沉淀区的长度；

v——沉淀区的水平流速；

u_0——颗粒的沉降速度；

l——斜板长度；

α——斜板倾斜角。

一个斜板单元的流量 q 为

$$q=ldv \tag{3-95}$$

d 为斜板距，ld 代表水流断面面积。

由式（3-94）代入式（3-95）得

$$q=\frac{Lu_0d}{\sin\alpha}=a_fu_0 \tag{3-96}$$

a_f代表 $Ld/\sin\alpha$，为沉淀单元断面积在水平方向的投影。注意式（3-96）的 a_f值比式（3-81）或式（3-89）的 a_f值大得多，这说明一个横向流沉淀单元的流量比一个异向或同向沉淀单元的流量大得多。

横向流斜板沉淀池的设计流量 Q 为

$$Q=\eta u_0A_f \tag{3-97}$$

$$A_f=na_f \tag{3-98}$$

式中　A_f——沉淀区的表面面积（m^2）；

n——沉淀单元的总数：

η——有效系数。

从式（3-98）可看出，由于 A_f是沉淀区的总面积（包括壁厚在内），侧向流斜板沉淀池处理水量的公式形式实际上与平流式一样，只是由于加了斜板，使沉淀区的高度和长度分别缩小为 $d/\sin\alpha$ 和 $(d/\sin\alpha)\cdot(v/u_0)$，从而缩小了整个沉淀池的尺寸，但表面负荷基本上仍然是 u_0。

4. 水流稳定性

文献中往往从斜管或斜板单元的水流雷诺数和弗罗德数来讨论这类沉淀池的工作稳定性。斜管和斜板单元的雷诺数一般都小于 400，水流处于层流状态，弗罗德数都大于 10^{-4}（可参考表 3-2 估算），由于这两个指标都较一般平流沉淀池优越，于是就作为斜管、斜板沉淀池优于平流沉淀池的理论依据。但是，如果进一步分析，就会发现这一观点有不妥之处。原因如下：①在同样流量的条件下，由于斜管（板）沉淀池比平流沉淀池的停留时间短得多，抗各种不利因素的能力必然较弱。②斜管、斜板沉淀区只约占整个沉淀池容积的 1/3～1/2，这一区的水流条件不能代表整个沉淀池的水流条件，而平流沉淀池和它的沉淀区，由于容积大致一样，所以沉淀池的水力条件，基本上与沉淀区一致，因此，斜管、斜板沉淀区的雷诺数、弗罗德数与平流沉淀池的雷诺、弗罗德两个数间实际上不存在可比性。③斜管、斜板沉淀池的进口区也约占整个池子容积的 1/3，进口配水是否均匀和稳定对沉淀池工作效率的影响程度远远超过这一区域对于平流沉淀池的影响。

3.5 低脉动沉淀理论在浅层沉淀池中的应用

传统的沉淀理论认为斜板、斜管沉淀池中水流处于层流状态。其实不然，实际上在斜管沉淀池中水流是有脉动的，这是因为当斜管中大的矾花颗粒在沉降过程中与水流产生相对运动，在矾花颗粒后面产生小涡旋，这些涡旋的产生与运动造成了水流的脉动。这可以从矾花颗粒的绕流雷诺数的计算中看出。利用斯托克斯公式计算矾花的沉降速度，然后计算绕流雷诺数，当矾花颗粒尺度达到0.3mm时，其绕流雷诺数已大于1。斯托克斯公式适用于球体绕流雷诺数小于1的情况，这个公式是略去了黏性流体运动方程惯性项简化得到的。由于矾花颗粒有吸附架桥存在，其形状非常不规则，在其尺度小于0.3mm时，其惯性项占主导地位，因此在其后面产生了涡旋，即在水流中产生了脉动。这些脉动对于大的矾花颗粒的沉降没有什么影响，对于反应不完善的小颗粒的沉降却产生了顶托的不利影响，也就影响了沉淀池出水水质。为了克服这一现象，抑制水流的脉动，在结合低脉动沉淀理论的基础上，并充分发挥浅层沉淀池的优势，推出了小间距斜板沉淀设备。

3.5.1 小间距斜板沉淀设备的结构与外形

小间距斜板沉淀池的结构与外形如图3-17所示。斜板模块由多层斜板热熔焊接而成，与水平面夹角为60°～66°，每层斜板间的间距为20～35mm，斜板模块依次无缝拼接，水平摆放在沉淀池的斜板支架上，斜板支架通过其下面的支撑梁柱与池壁相连接。斜板沉淀池的集水方式可以采用尾端集水堰集水或者表面集水槽集水。由于小间距斜板可以将沉淀池中水流向前推进时的阻力分配得较为均匀，因此，小间距斜板沉淀池可以采用高负荷的尾端集水堰，如图3-18所示。这种集水堰在结构、外形与设计上均与普通集水堰板相同，仅是安装在小间距斜板沉淀池中可以提高堰上负荷，其负荷一般可达到100m^3/(m·h)，是平流沉淀池中堰上负荷的3倍左右。因此，采用小间距斜板不仅可以提高沉淀效率，还可以节省集水设备的造价（表面集水槽的造价约是尾端集水堰的10～15倍）。

3.5.2 小间距斜板沉淀设备的优势

尽管小间距斜板在形式上与普通斜板类似，但在沉淀原理上却与普通斜板完全不同。普通斜板是浅层理论的应用，而小间距斜板是浅层理论和低脉动沉淀理论的应用。除具有浅层沉淀设备的优点外，小间距斜板沉淀设备还有如下优点：①由于间距明显减小，矾

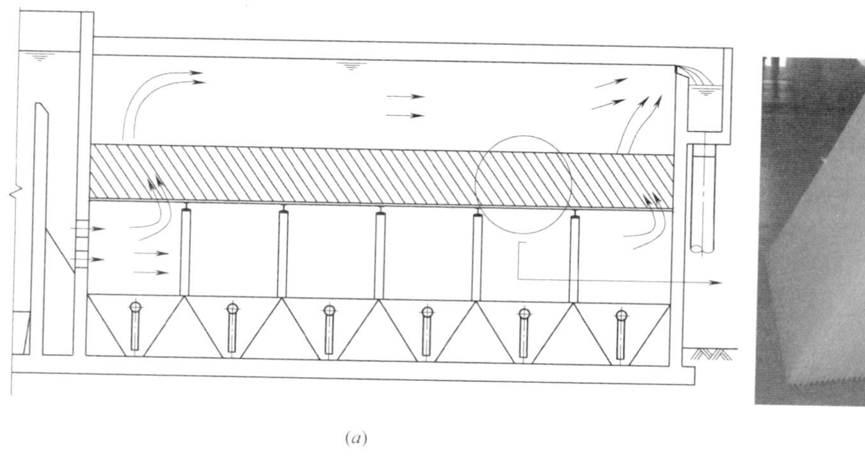

(a)

(b)

图 3-17　小间距斜板结构与外形图
(a) 小间距斜板剖面图；(b) 斜板模块

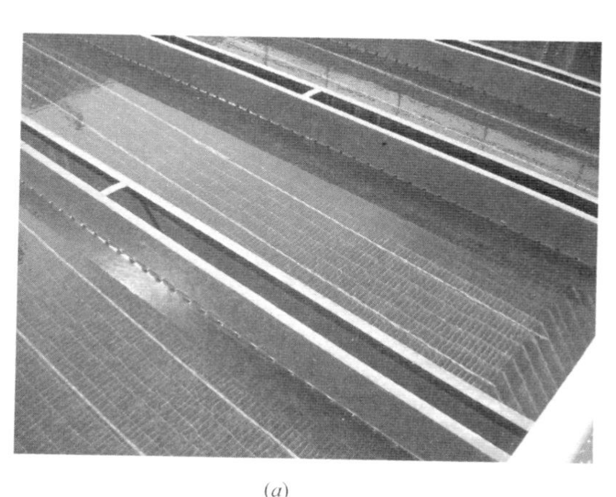

(a)

(b)

图 3-18　小间距斜板沉淀池的集水方式
(a) 小间距斜板池内的表面集水槽；(b) 小间距斜板池内的尾端集水堰

花沉降距离也相应减少，使更多小颗粒可以沉降下来。②由于板间距的减小，水力半径大幅降低，斜板间的流态近似层流，消除了颗粒在沉降过程中的尾流湍动性，有利于微小轻质颗粒的沉降。③由于间距减小，水力阻力增大，使斜板对水流的阻力占沉淀池中水力阻力的主要部分，这样沉淀池中流量分布更均匀，与斜管相比明显地改善了沉淀条件。④这种设备由于下面几个原因其排泥性能远优于其他形式的浅层沉淀池：(a) 这种设备基本无侧向约束；(b) 这种设备沉淀面积与排泥面积相等。对普通斜管来说排泥面积只占其沉淀面积的一半，在特殊时期，如高浊期、低温低浊期、加药失误时期，污泥沉降性能，特别是排泥性能明显变坏，在斜管排泥面的边缘处由于沉积数量与由斜面上滑落下来的污泥数量大于排走的数量，造成了污泥堆积，这样就使斜管的过水断面减少，上升流速增加，增加了污泥下滑的顶托力，进一步增加了污泥的堆积。所以，一旦在斜管角落处产生污泥的堆积，就产生了污泥堆积的恶性循环。这种作用开始时由于斜管上升流速的增加，沉淀效果变坏，沉后水浊度增高，当污泥堆积到一定程度时由于上升流速的提高，可以把已沉积在斜管上的污泥卷起，使水质严重恶化。正是这一原因才使得南方很多地区的水厂将斜管沉淀池改为平流式沉淀池。而小间距斜板沉淀池的排泥面积是普通斜管的 4 倍多，单位面积排泥负荷尚不到斜管的 1/4，故其排泥非常通畅。

第 4 章　涡旋絮凝低脉动沉淀工艺设计

涡旋絮凝低脉动沉淀池目前已被广泛应用到了地表水的净化与污水深度除磷等需要絮凝沉淀的工艺过程中。其主要工艺流程是：原水→微涡混合器（或静态混合器、机械搅拌混合池）→小孔眼网格絮凝池→小间距斜板沉淀池→后续工艺。目前应用该工艺的案例已经达到了 200 多个，项目实施地分布在国内 20 多个省份和印度、印尼等海外地区，总处理水量达到约 1500 万 t/日。该工艺的处理对象包括江水、河水、水库水、地下矿井涌水、海水和污水。由于处理对象不同，处理要求不同，因此不同的项目需要根据工程特点和所处地理环境进行有针对性的设计。

4.1　混合器设计及设备选型

涡旋絮凝低脉动沉淀工艺对混合工艺无特殊要求，普通静态混合器和机械搅拌混合池均可采用。需要说明的是，根据微涡旋理论提出的微涡混合器具有混合效果好、节省絮凝剂等优势。

4.1.1　微涡混合器的工作原理

微涡混合器包括管式和并联圆管式两种，如图 4-1 所示。微涡混合器通过控制水流的速度和水流空间的尺度来造成高比例、高强度的微涡旋，从而充分利用水流中微小涡旋的离心惯性效应，药剂水解产物可在几秒钟内迅速完成亚微观扩散，使胶体颗粒脱稳，避免了局部药剂浪费或局部药剂不足的现象发生，充分发挥药剂作用，大幅度地提高了处理能力和混合效果，与普通混合器相比，一般可节省絮凝剂 10%～30%，大幅度降低了制水成本。

管式微涡混合器的工作过程如下：如图 4-1（*a*）所示，絮凝剂在混合器前端加入到管道中，在进口来流的卷带下依次经过管式微涡混合器的扰流构件，这些扰流构件可以在水中制造出较多的微小涡旋，微小涡旋的离心惯性效应可以使水中絮凝剂向管流中微细部位运动，促进水中胶体颗粒脱稳，从而完成混合过程。微涡旋在一定范围内尺度越小，惯性效应越强，混合效果越好（详细理论参见本书 2.2 节）。并联圆管混合器的工作过程如下：含带絮凝剂的水体从图 4-1（*b*）中最左侧的两个入口进入到混合器中，之后依次流

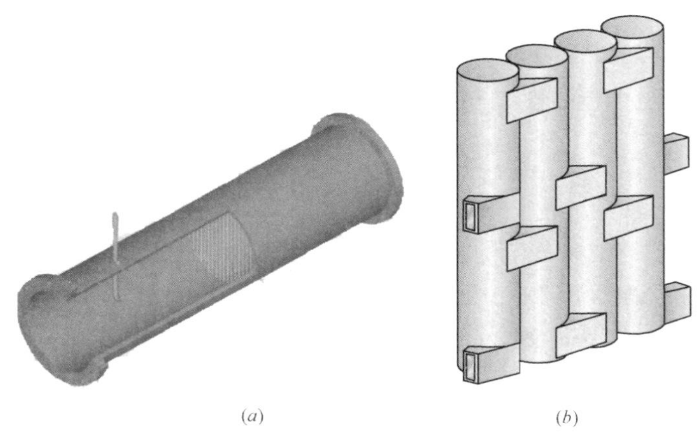

(*a*) (*b*)

图 4-1 微涡混合器的两种形式
(*a*) 管式微涡混合器；(*b*) 并联圆管式微涡混合器

经四根混合管，从最右侧的两个出口流出，完成混合过程。由于每两根混合管的连接件、入口及出口均沿圆管的切线方向，因此水流在每根管中均作螺旋式的涡旋运动，这些涡旋可以促进絮凝剂和水中胶体颗粒的接触与碰撞，使胶体快速完成脱稳。

4.1.2 微涡混合器的设计

(1) 管式微涡混合器可以直接安装在进水管上，两端与进水管法兰连接。适用于新建与改扩建工程。

管径：其管径一般与来水管同径，管中流速控制在 0.9～1.2m/s 左右。

加药管：加药管设计在混合器前端，进药口距混合器中第一片扰流构件的距离不小于 0.5m，进药口一般选用 *DN*25。

扰流构件：混合器中的扰流构件需根据水质和管中流速确定，一般设置 5～8 片扰流构件；管式微涡混合器的前面需设置拦污器或机械格栅。

混合时间：3～5s。

水头损失：0.5～0.6m。

(2) 每组并联圆管混合器由四根混合管串联组成，每组混合器则并联排列在混合池中。混合器约占混合池容积的 3/5，其余 2/5 则被混合器均分成前后两部分，分别用于分配混合前、后的水体。安装后的混合器如图 4-2 所示。

配水池流速：前池内的通道流速控制在 0.2～0.5m/s，后池内的通道流速控制在 0.2～0.3m/s。

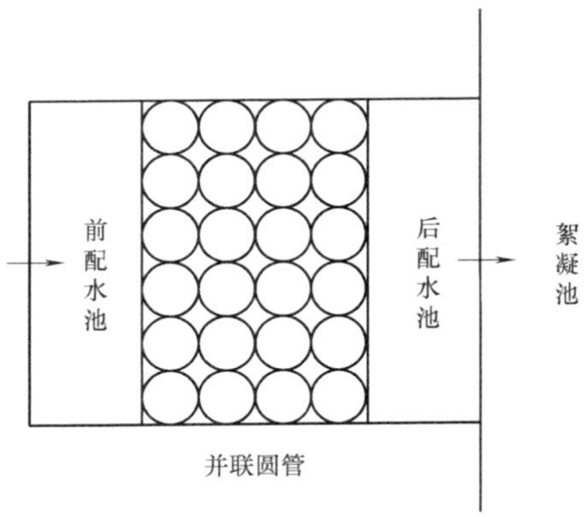

图 4-2　并联圆管混合器平面布置图

混合器进出口流速：每组混合器进出口流速一般为 0.3m/s。

混合时间：30～50s。

水头损失：0.4～0.5m。

外形尺寸：每组混合器中每根管的直径为 320mm，高度为 4.2m。

（3）微涡混合器的选用：

管式微涡混合器的内部扰流构件由不锈钢栅条编织而成，由于栅条的间隙较小，来流挟带的树叶、杂草等杂质等可能堵塞栅条间隙，造成混合器局部堵塞，使得混合器内部的流速提高，混合时间缩短，降低了混合效果。因此，需在提升泵站或配水井处设置细格栅，拦截漂浮物。

管式微涡混合器可用在新建或改扩建工程中，其特点是安装简便，维护管理方便。一般安装在管沟中，也可放置在地面以上，但在寒冷地区应设防冻措施。

并联圆管混合器一般由玻璃钢布缠绕而成，也可由不锈钢卷板焊接而成。混合管的开口处及内部空间均较大，不易堵塞。由于内部涡旋湍动强烈，具有自清洗作用，一般在整个运行年限内无需维护。抗冲击负荷能力一般为 20%～30%，与前者相比，抗冲击负荷能力较强。

并联圆管混合器安装在混合池中，安装就位后，需用砂浆灌注混合管间的缝隙。

4.2　小孔眼网格絮凝池设计及设备选型

絮凝池是整个净水厂的核心工艺，基于快速、高效的原则，絮凝工艺采用小孔眼网格絮凝技术，根据涡旋絮凝低脉动理论选定设计参数，设计更精细，可靠性更高。

4.2.1 小孔眼网格絮凝池设计

小孔眼网格絮凝池的设计一般以原水水质和项目所在地为依据。必须做好本阶段的设计，使之形成密实的絮凝体。

絮凝时间：由于目前我国地表水源多受污染，宜适当增加絮凝时间。原水为北方地区的水库水时，絮凝时间可取 15～18min，原水为北方地区的河水或江水时，絮凝时间取 15min。

絮凝池流速：絮凝池的空池流速宜分为三级或四级，分别为：

第一级流速 0.12～0.14m/s；

第二级流速 0.08～0.10m/s；

第三级流速 0.06～0.08m/s；

第四级流速 0.04～0.06m/s。

流速的分级通过絮凝池断面尺寸的大小来控制。水流流向可采用翻腾推流式或往复推流式。翻腾式水流中上孔洞的过孔流速可取前一级竖井流速的 1.6～2.0 倍，下孔洞的过孔流速可取前一级竖井流速的 1.5～1.8 倍。往复式水流中的转弯处流速可取相邻前一级通道流速的 1.5 倍。

高度分配：絮凝池的高度方向上可采用 4.5～5.0m，其中有效水深取 4.0～4.3m 左右，泥斗高度 0.4～0.7m 左右，泥斗采用四面斗或两面斗形式，泥斗坡面倾角不小于 45°，排泥方式可采用重力穿孔管或重力管口式，排泥静水压不小于 4.0m。

絮凝池的小孔眼网格箱布设高度不小于 1.5m。絮凝池的总体布局如图 4-3、图 4-4 所示。

絮凝池与沉淀池之间的过渡段通常需要布设网格，网格的安装数量视沉淀池的宽度而定，其作用主要是配水和继续絮凝，一般布置 2～3 片网格。

4.2.2 絮凝设备选型

小孔眼网格絮凝设备的选型需根据原水的水质而定。对于改建工程则还需视现有池体的构型及池内流速确定。对于水质较好的原水可采用通用型小孔眼网格，对于原水略有污染的原水一般采用局部封堵型网格。

多层网格组成网格箱，絮凝池每个竖井内安装一个网格箱，网格箱的尺寸与池体空间相吻合。网格箱内每层网格间的距离需视安装空间而定，一般为 0.30～0.50m。

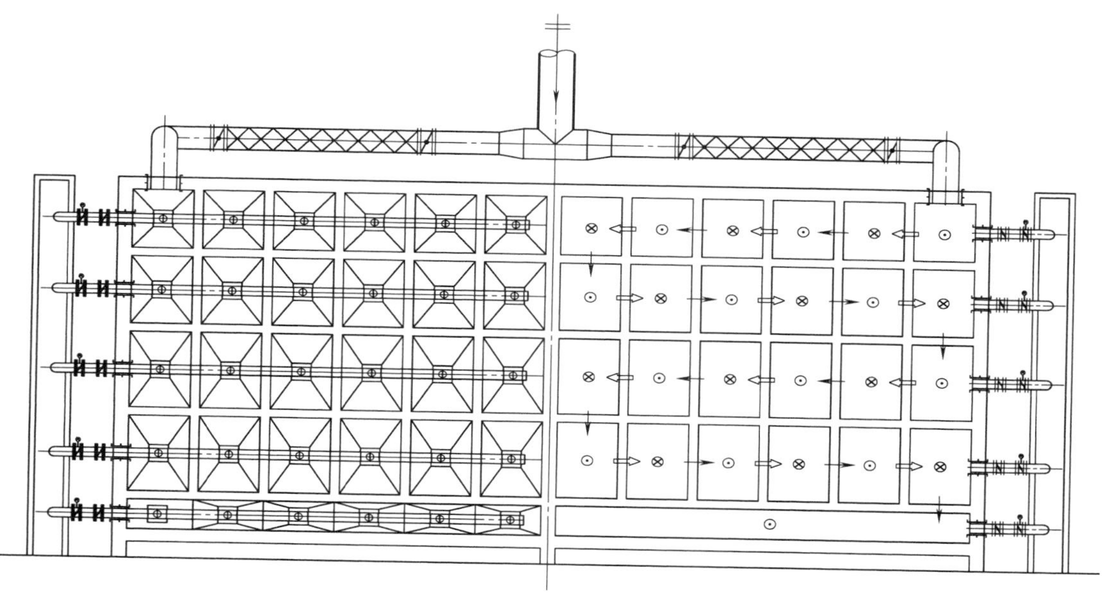

图 4-3　小孔眼网格絮凝池平面布置图

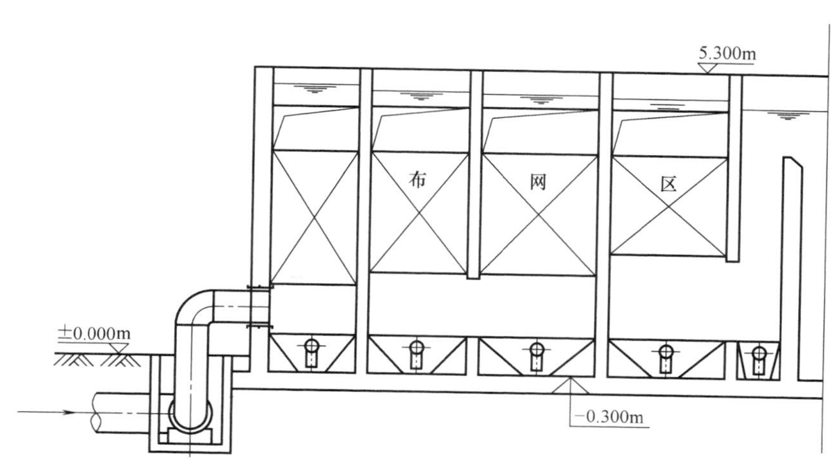

图 4-4　小孔眼网格絮凝池剖图

对于往复式絮凝池通道则需安装直立型小孔眼网格，每层网格独立设置，非网箱式。网格间的间距一般不超过 1m，且不小于 0.3m。

絮凝池的排泥阀采用快开型阀门，可采用蝶阀、快开排泥阀、底阀等形式。排泥周期不小于 7～8d，且一般不大于 30d，高浊时期不超过 3～5d。

4.3 小间距斜板沉淀池设计及设备选型

小间距斜板设置在絮凝池之后，可与小孔眼网格絮凝池、折板絮凝池或机械搅拌絮凝池相匹配使用。作为净水工艺中泥水分离的主要阶段，其设计参数的选取与池型设计至关重要。

小间距斜板沉淀池的设计很多地方与斜管沉淀池类似，这里只介绍它们的不同之处。

配水花墙：孔洞设置在斜板的下方，最上面一排花孔的顶端与斜板下沿的距离一般取 150～300mm，花孔宜采用圆形孔或矩形孔，但不宜采用大型长条孔。过孔流速采用 0.09～0.12m/s。

斜板支架：不宜采用扁钢网状支架，易产生积泥现象，一般采用倒置角钢栅条形布置。支架荷载可按 80～100kg/m^2 考虑结构设计。

流速：板间流速 1.7～2.5mm/s，清水区上升流速 1.5～2.2mm/s。

表面负荷：5.0～9.0m^3/(m^2 · h)。

板间距：水库水 25～30mm，河水江水 20～25mm。

斜板倾角：60°。

斜板斜长：1～1.2m。

无效系数：0.05。

尾端集水堰单宽负荷：不超过 100m^3/(m · h)。

排泥方式：可以采用重力斗式排泥或机械排泥。排泥周期在正常浊度条件下不超过 24h，高浊时期不超过 12h，每个阀门每次的排泥时长一般为 30～60s。

沉淀池外形尺寸：当采用尾端集水堰时，一般池宽不超过 10m，池长不超过 30m，当采用表面集水槽时宽度和长度则无要求。表面集水槽的集水跨距左右不超过 1.8m。

小间距斜板沉淀池的平面及剖面布置图如图 4-5、图 4-6 所示。一般单池的处理水量不超过 30000m^3/d，沉淀池的配水方式可以采用或不采用宽边配水方式，因为小间距斜板沉淀池的阻力分布较均匀，短边配水时也不存在配水不均匀现象。

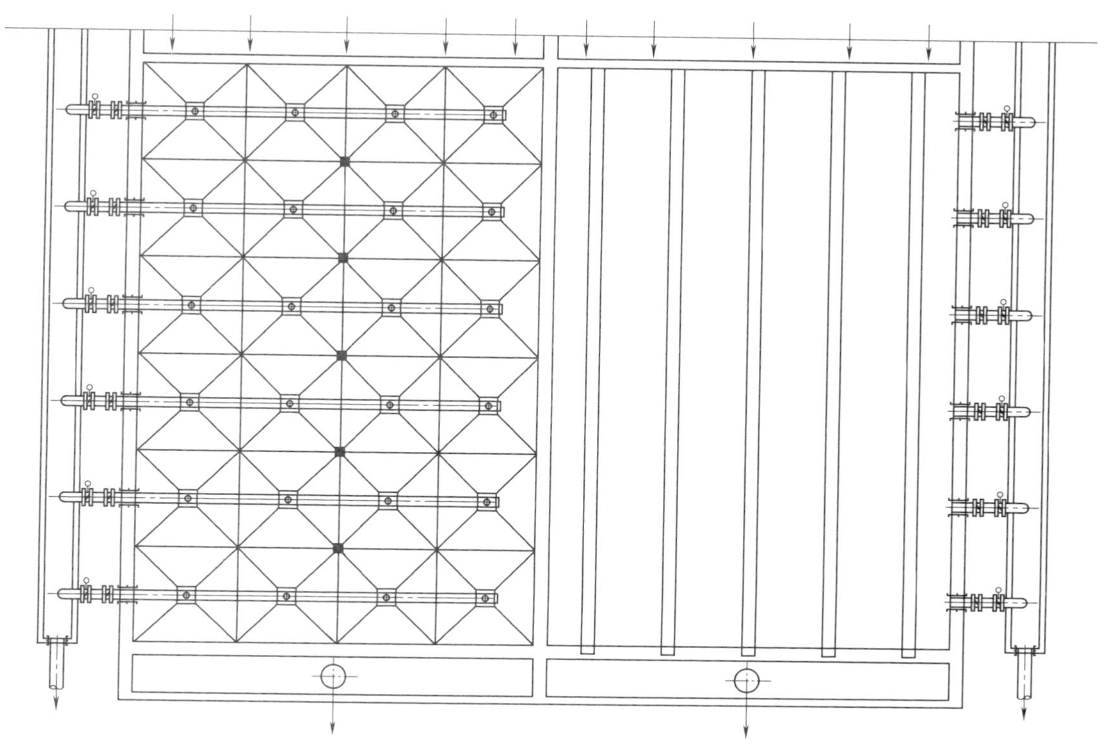

图 4-5　小间距斜板沉淀池平面布置图

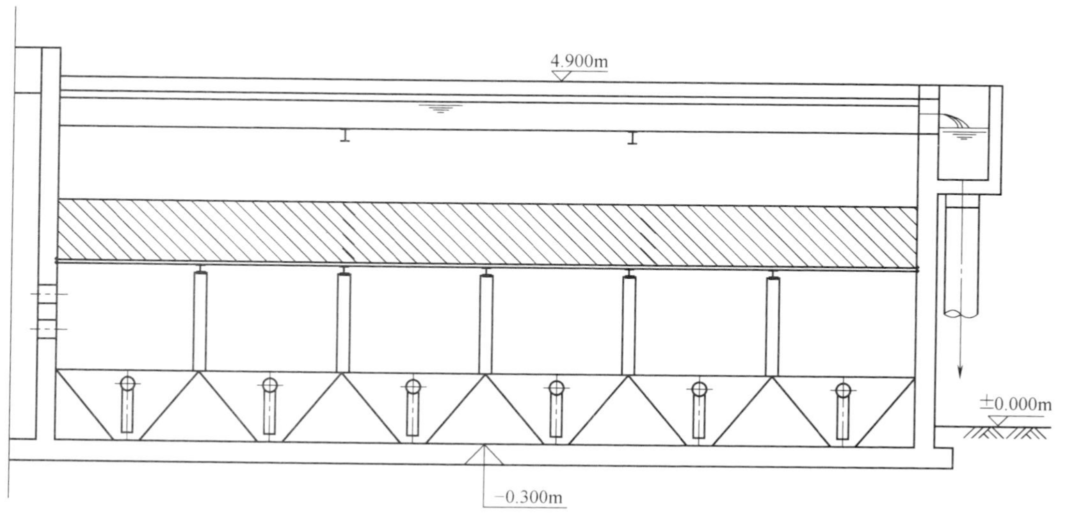

图 4-6　小间距斜板沉淀池剖面图

第 5 章　涡旋絮凝低脉动工艺工程实例

目前，涡旋絮凝低脉动沉淀技术已广泛应用于国内外各种水质的给水和中水回用处理中，本章选取新建、扩建、改造、中水回用等具有代表性的水处理工程实例。实践表明，涡旋絮凝低脉动技术实现了高效率的混合、反应、沉淀，从而保证了高效率的除浊与高质量的供水，处理能力较常规技术增加 30%～50%，沉后水可稳定在 3NTU 以下，滤后水接近零度。用于新建水厂中，占地与投资可节省 20%～30%，用于挖潜改造，可提高水量 50%～100%，并且保证了该技术在沉淀池出水水质方面的技术承诺，运行安全、可靠。

5.1　长沙引水及水质环境工程

5.1.1　项目背景

长沙引水及水质环境工程是利用日本国际协力银行贷款建设的省、市重点工程，该工程实施旨在开辟第二水源，提高长沙市供水安全度，提高长沙市民饮水质量；同时健全和完善市区雨水、污水排放与收集系统，提高城市污水集中处理率，改善长沙市民的居住环境和湘江生态环境。工程包括引水工程与水质环境工程两个子项，其中引水工程规划建设总规模为输水能力 95 万 m^3/d，一期工程建设规模 65 万 m^3/d（廖家祠堂水厂 30 万 m^3/d、第五水厂 30 万 m^3/d、浏阳永安工业新城 5 万 m^3/d），新建日供水能力 30 万 m^3 的廖家祠堂水厂一座，新建株树桥水库至长沙市第五水厂输水管线 98km，其中株树桥水库至星沙输水管线 76km（其中 43.8km 隧洞），从星沙至长沙市第五水厂输水管线 22km。配套新建城市配水主管网 56km。水质环境工程包括新建日处理 16 万 m^3 的花桥污水处理厂和日处理规模 10 万 m^3 的新开铺污水处理厂和配套 6 个泵站及 119km 污水截污干管工程。工程于 2005 年 10 月 31 日开工，2009 年 3

月花桥污水处理厂投运，2009 年 6 月新开铺污水处理厂投运，2010 年 8 月 29 日引水工程实现通水。

廖家祠堂水厂原水来自浏阳市株树桥水库优质水源，采用常规的混合、反应、沉淀、过滤处理工艺以及其他先进的技术手段和设备，水厂设计规模 30 万 t/d，服务范围为星马片区、新世纪片区，除与星沙并网外，另有三条输送管线分别与长沙市城东、城南连接并网，服务人口约 45 万。

5.1.2　工艺设计

在长沙经济技术开发区廖家祠堂处兴建净水厂，采用机械混合—小网格反应—平流沉淀（预处理工艺）—V 形滤池的净水处理工艺，工程规模（2010 年）30 万 m^3/d。其中，预处理工艺采用多相技术，提供的设备符合设计标准，质量合格。

机械混合池：单池设计流量：$Q=2188m^3/h$；停留时间：$T=60s$；每池 2 格，分设搅拌器。

反应池：单池设计流量：$Q=2188m^3/h$；停留时间：$T=18min$；每格安装一套网格箱反应器。

第一反应区速度：$v_f=0.33m/s$，共 16 格。

第二反应区速度：$v_f=0.28m/s$，共 16 格。

第三反应区速度：$v_f=0.25m/s$，共 16 格。

第四反应区速度：$v_f=0.20m/s$，共 16 格。

平流沉淀池：单池设计流量：$Q=2188m^3/h$；停留时间：$T=2h$；水平流速：$v=12mm/s$。

5.1.3　工艺图纸

见图 5-1～图 5-6。

5.1.4　项目运行情况

进水水质：最高进水浊度 40NTU，平均进水浊度 20NTU。

出水水质：主要指标为浊度不大于 0.5NTU，个别情况不大于 1.0NTU。

长沙市引水工程建成后将使长沙市供水系统更为完整，为长沙提高供水提供可靠保证，为长株潭一体化的发展创造条件。

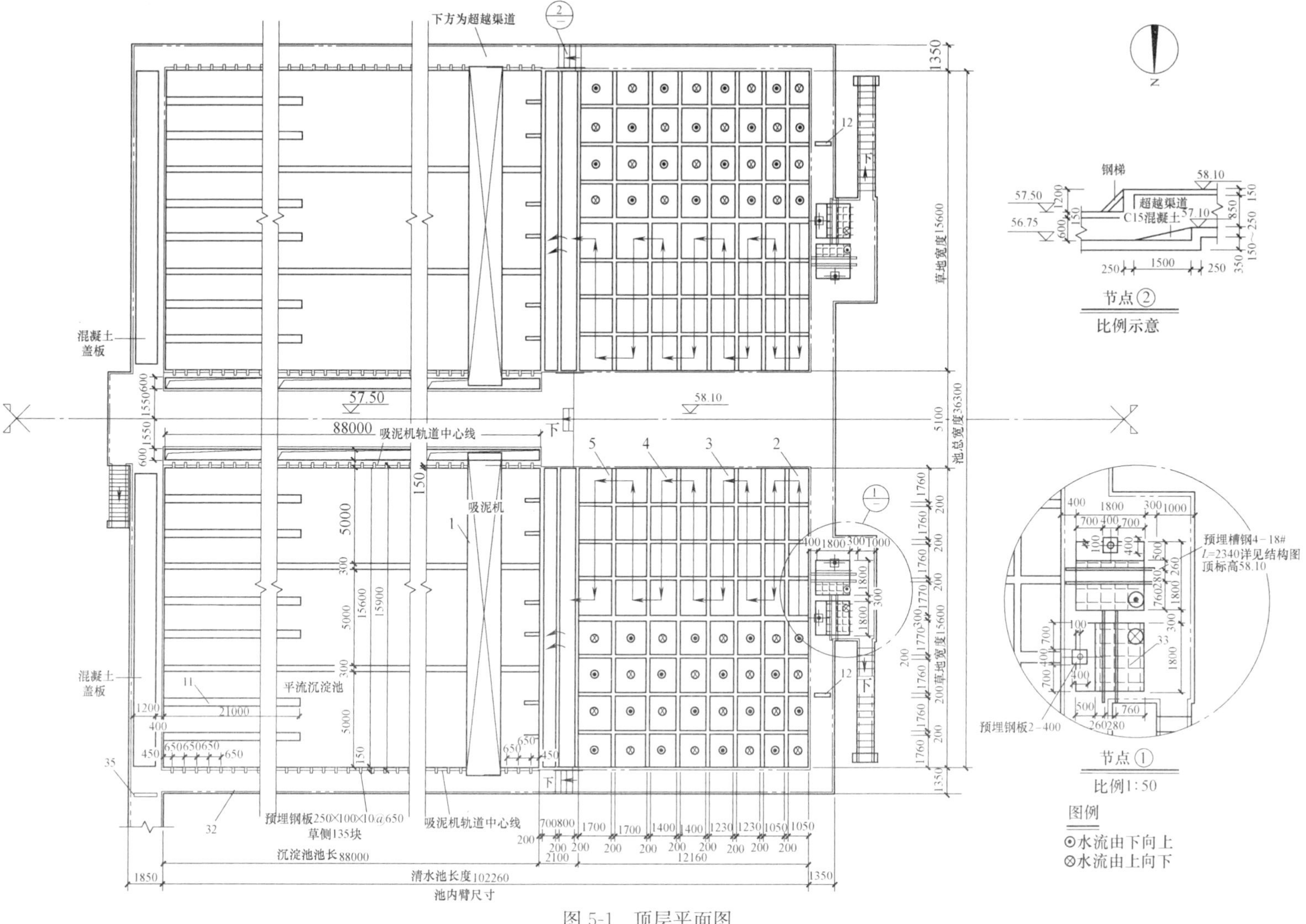

节点②
比例示意
节点①
比例1:50
图例
⊙水流由下向上
⊗水流由上向下
吸泥机轨道中心线
吸泥机
下方为超越渠道
平流沉淀池
混凝土盖板
清水池长度102260
沉淀池池长88000

图 5-1 顶层平面图

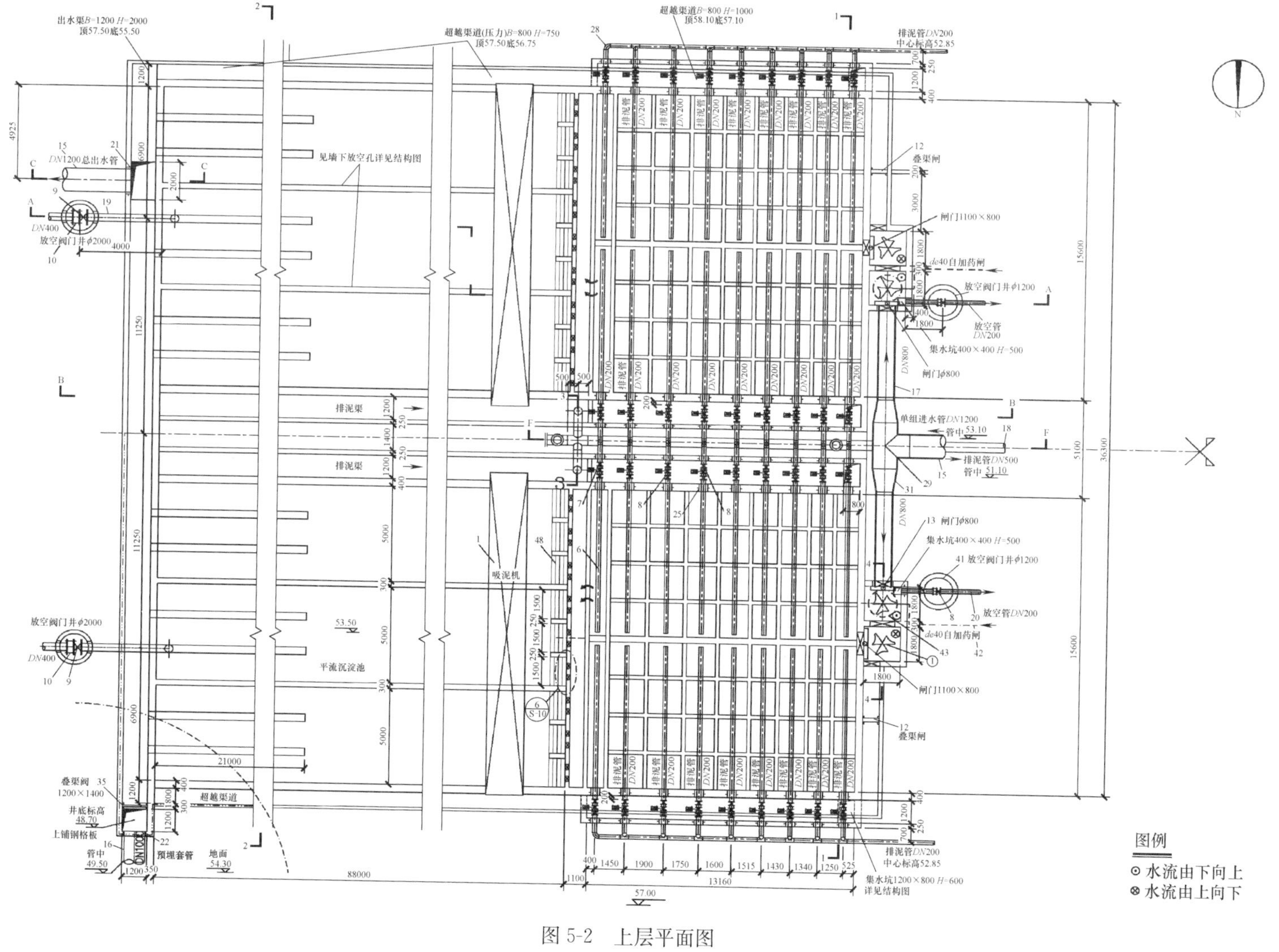

出水渠B=1200 H=2000 顶57.50底55.50
超越渠道(压力)B=800 H=750 顶57.50底56.75
超越渠道B=800 H=1000 顶58.10底57.10
排泥管DN200 中心标高52.85
DN1200总出水管
放空阀门井φ2000
DN400
见墙下放空孔详见结构图
叠梁闸
闸门1100×800
de40自加药闸
放空阀门井φ1200
放空管DN200
集水坑400×400 H=500
闸门φ800
排泥管
DN200
排泥渠
单组进水管DN1200
管中53.10
排泥管DN500
管中51.10
41 放空阀门井φ1200
吸泥机
53.50
平流沉淀池
21000
叠梁闸 1200×1400
井底标高 48.70
上铺钢格板
管中 49.50
预埋套管
地面 54.30
超越渠道
88000
13160
57.00
集水坑1200×800 H=600 详见结构图
15600
5100
36300
图例
⊙水流由下向上
⊗水流由上向下

图 5-2　上层平面图

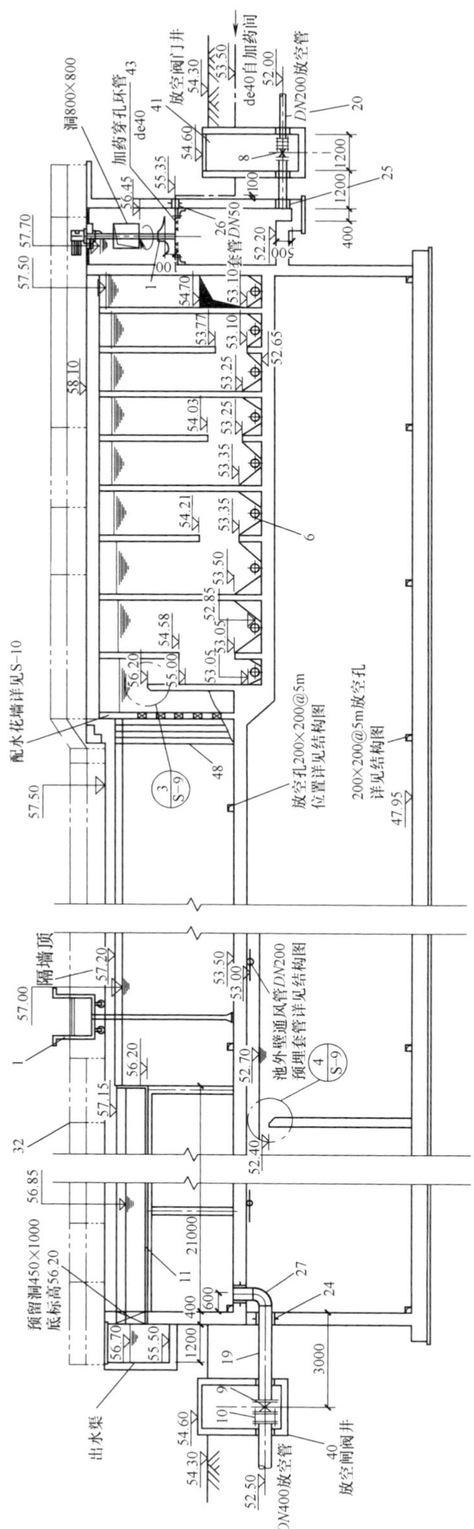

图 5-3　剖面图 A—A（沉淀池中线剖面图）

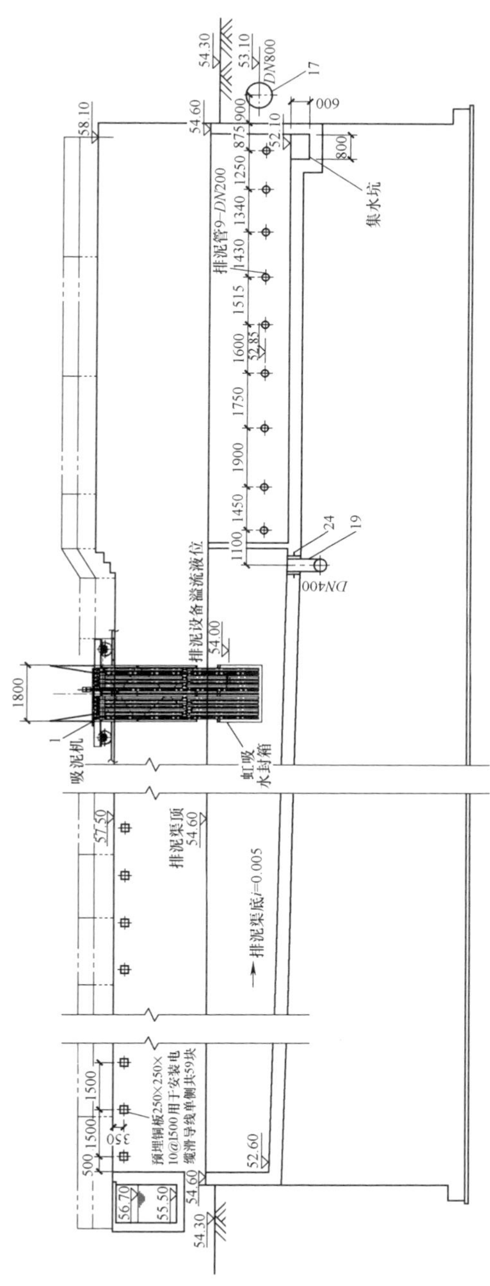

图 5-4　剖面图 B—B（中间廊道剖面图）

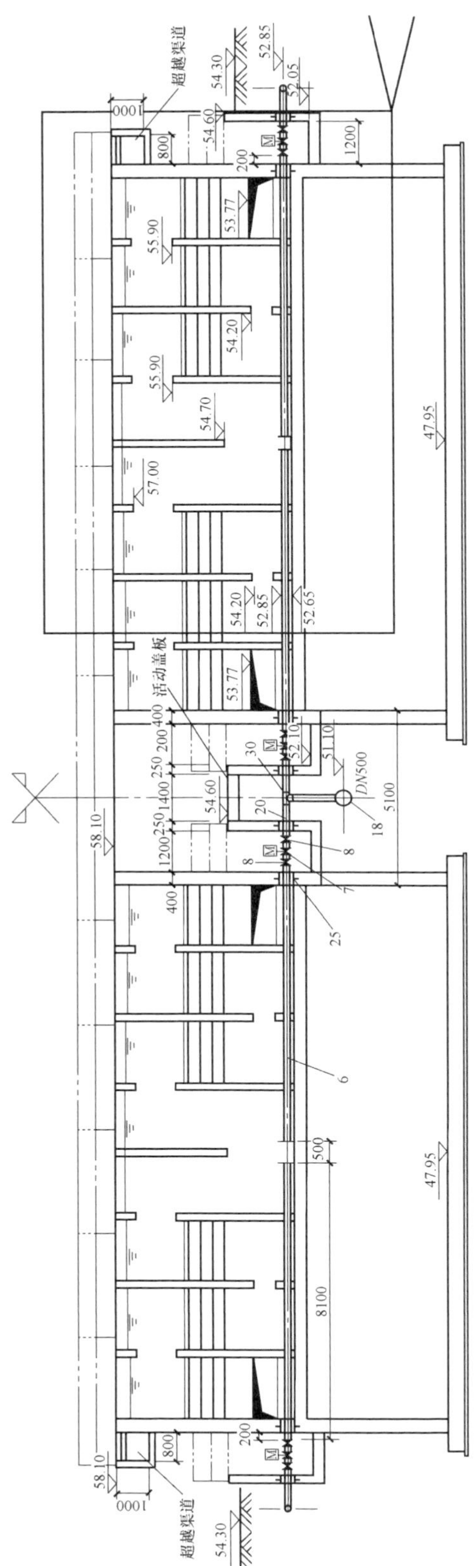
超越渠道
活动盖板
DN500
58.10
47.95
55.90
54.20
54.70
57.00
53.77
52.85
52.65
54.60
54.30
52.10
51.10
52.05
5100
8100
1200
1000
800
400
250
1400
200
500

图 5-5 剖面图 1—1

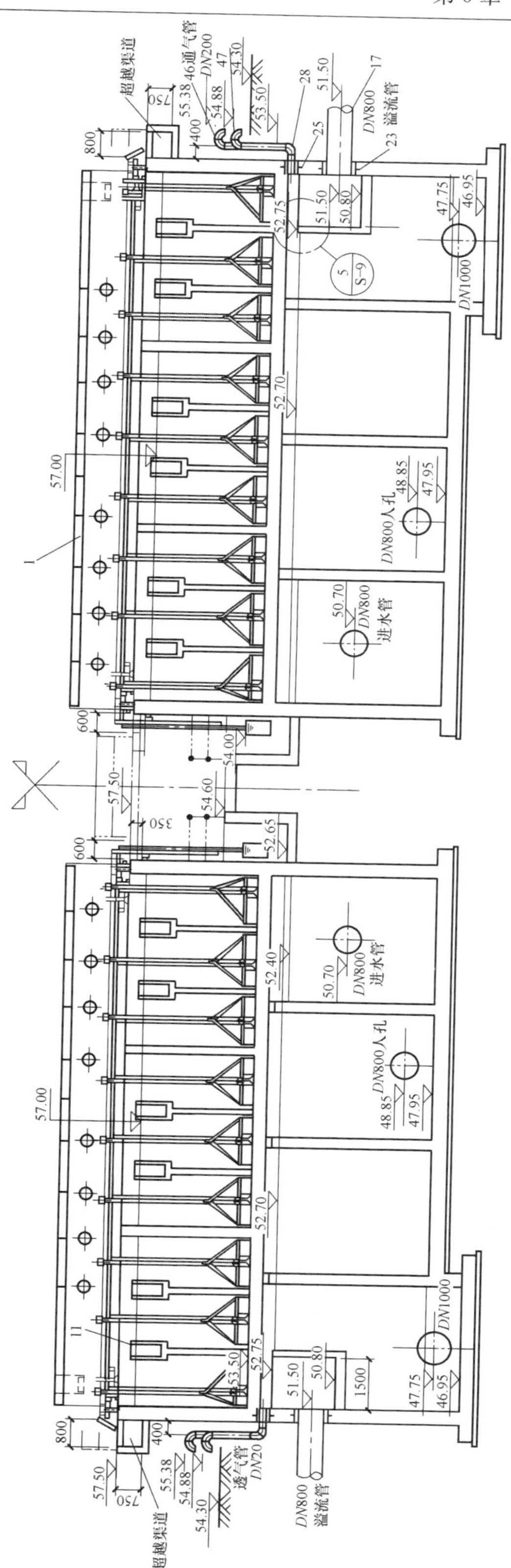
超越渠道
46通气管
DN200
溢流管
DN800
DN1000
DN800人孔
进水管
透气管
57.00
52.70
52.75
54.00
54.60
57.50
47.75
46.95
48.85
47.95
50.70
51.50
50.80
55.38
54.88
54.30
53.50
52.65
52.40

图 5-6　剖面图 2—2

5.2 新疆石河子北工业园区供水工程

5.2.1 工程概况

新疆石河子北工业园区供水工程占地 211 亩，建设规模为近期日供水 15 万 t、远期日供水 31 万 t，是以地表水玛河河水为水源的供水工程。该项目建设包括西调渠取水头部、原水预处理厂、净水厂和 16.9km 的输配水管网，近期工程概算投资 2.26 亿元。该项目投产后，可满足北工业园区近期所有工业项目的用水需求。

北工业园区发展势头强劲。天业第一个 40 万 t 聚氯乙烯联合化工项目计划年内建成投产。第二个 40 万 t 聚氯乙烯联合化工项目年内开工建设。天富热电年产 180 万 t 煤制甲醇项目也计划年内开工建设。这些项目需要大量用水，而且，随着建设项目的不断增多，对水的需求还将大幅度增加。

本设计为新疆石河子北工业园区供水工程近期日供水 15 万 t。

5.2.2 工艺简介

在本工程中采用的工艺如下：

原水—沉砂池—涡旋混凝低脉动沉淀池—接后续过滤处理工艺。

（1）沉砂池工艺：原水—孔板式净水混合器—小孔眼格网絮凝设备—斜管沉淀池—沉砂池出水。

（2）涡旋混凝低脉动沉淀池工艺：沉砂池—孔板式净水混合器—小孔眼格网絮凝设备—小间距斜板沉淀设备—出水接后续过滤处理工艺。

5.2.3 工艺设计参数

本处理间设计规模为 15 万 t/d，处理构筑物按两个系列设计，每个系列 7.5 万 t/d，水厂自用水系数为 1.05。

本工程沉砂池工艺中每座混凝沉淀池的进水管路上安装一台孔板式净水混合器，管径为 1000mm，混合时间 4s，水头损失 0.60m。采用 2 座小孔眼网格絮凝池，与沉淀池合建，设计参数如下：絮凝时间 6.50min，竖井流速 0.120m/s，单池分为 21 格，每格设一组网格反应箱。采用 2 座斜管沉淀池，与絮凝池合建，单池设计参数如下：清水区上升流速3.55mm/s，清水区深度 1.18m，布水区深度 2.00m，有效沉淀面积 244m^2。

本工程涡旋混凝低脉动沉淀池工艺中每座混凝沉淀池的进水管路上安装一台孔板式净水混合器，管径为 800mm，混合时间 4s，水头损失 0.60m。采用 2 座小孔眼网格絮凝池，与沉淀池合建，设计参数如下：絮凝时间 13.60min，第一阶段流速 0.132m/s，第二阶段流速 0.114m/s，第三阶段流速 0.100m/s，单池分为 40 格，每格设一组网格反应箱。采用 2 座小间距斜板沉淀池，与絮凝池合建，单池设计参数如下：清水区上升流速 2.17mm/s，清水区深度 1.50m，布水区深度 1.68m，有效沉淀面积 420m²。

5.2.4　工艺图纸

见图 5-7～图 5-10。

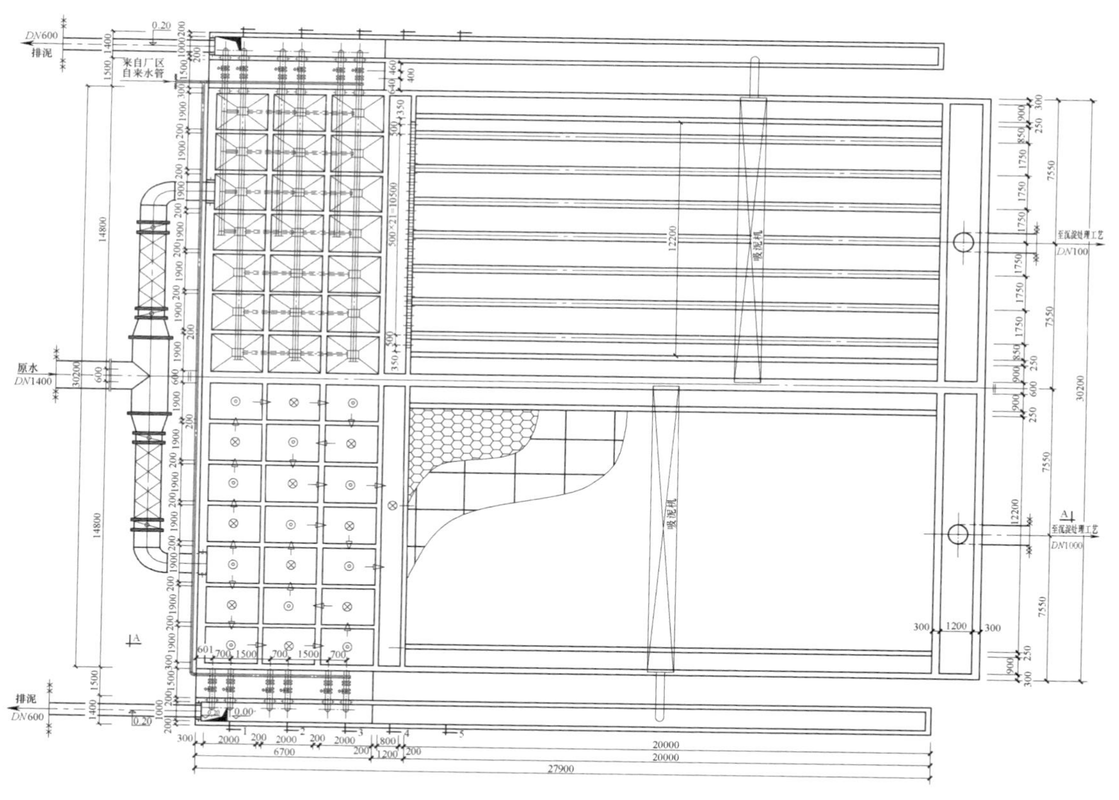

图 5-7　沉砂池工艺平面图

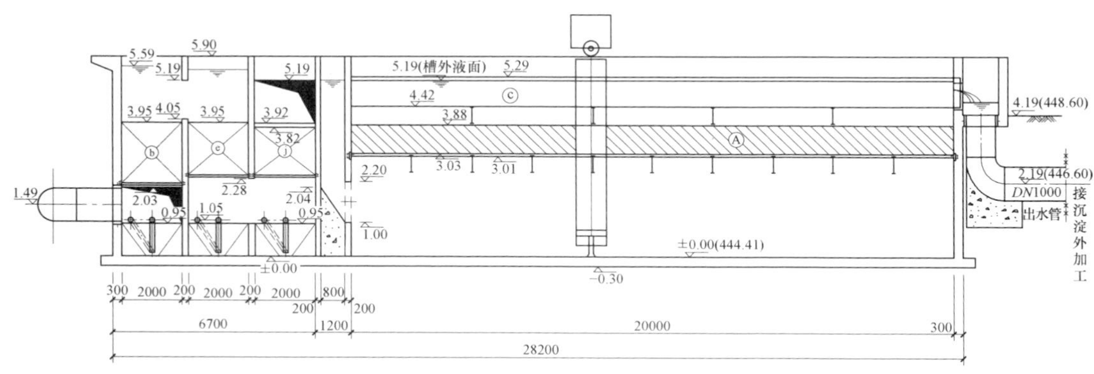

图 5-8　沉砂池工艺剖面图

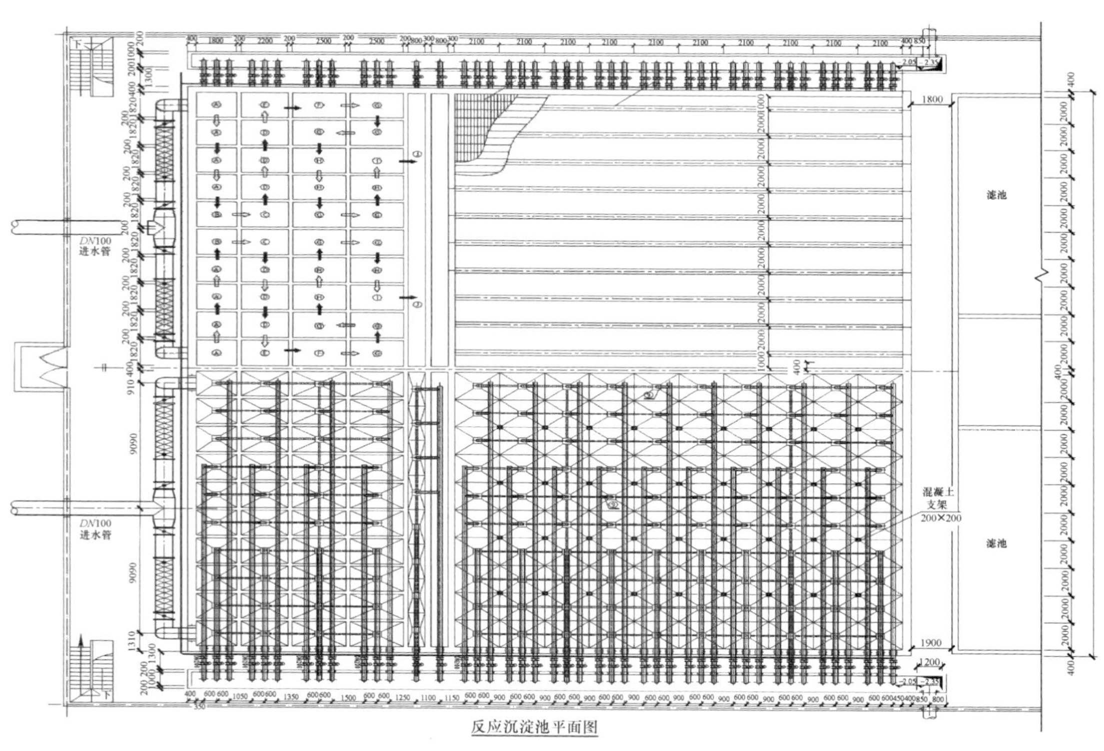

图 5-9　涡旋混凝低脉动沉淀池工艺平面图

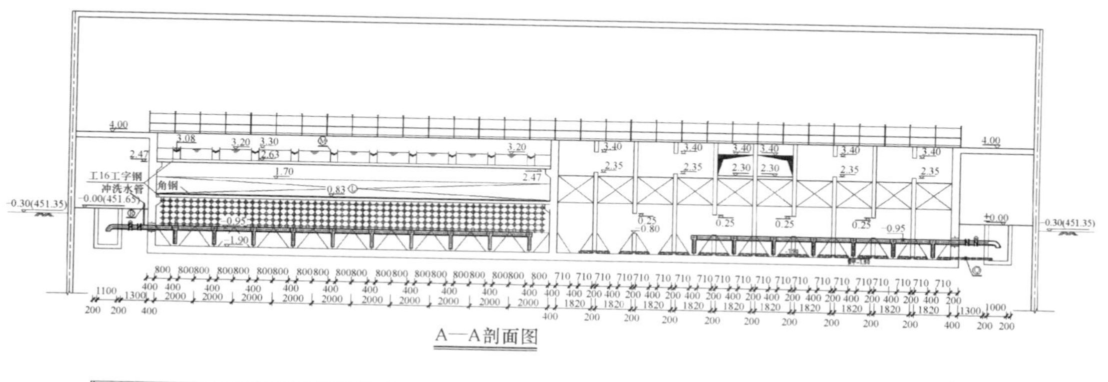

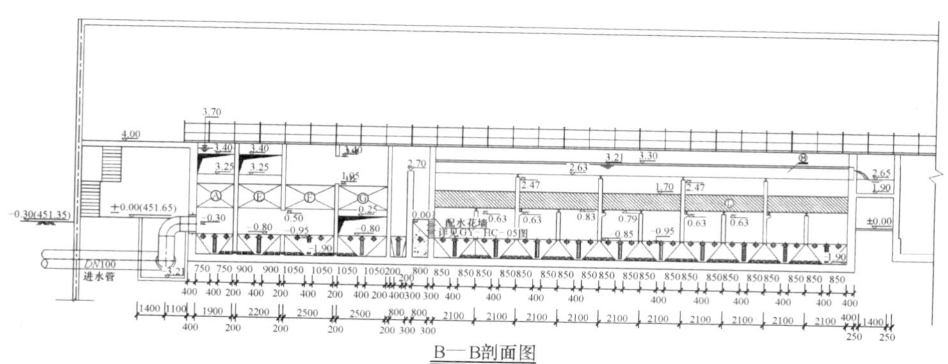

图 5-10　涡旋混凝低脉动沉淀池工艺剖面图

5.2.5　运行状况

新疆石河子北工业园区供水工程项目的实施，不仅将满足北工业园区迅猛增加的用水需求，也将有效缓解市区地下水严重超采的局面，解决了石河子水资源的供需矛盾，对实施可持续发展战略具有重要的保障作用。

5.3　石家庄市西北地表水厂工程

5.3.1　工程概况

石家庄市西北地表水厂工程又名石家庄市第八水厂，于 1994 年 4 月 29 日开工建设，1996 年 7 月 29 日建成交付使用。建设规模：处理水量 30 万 m^3/d，原水采用岗南水库水和黄壁庄水库水。

石家庄市西北地表水厂工程是在石家庄市第八水厂的基础

上扩建的，位置在市区西北部，北二环以北，天苑路以南，西三庄街以西，地表水厂西侧，占地 117.581 亩，新建规模为日供水 10 万 t，总投资 4.9 亿元，其中净水厂投资 2.3 亿元，水源采用南水北调水及岗黄水库水。石家庄市西北地表水厂具备双重功能，一个是南水北调水，一个是岗黄水库水，可以互相置换，可以互相备用。

扩建项目位于原有项目西侧，因为扩建水厂与原有水厂水源不同，原水水质不尽相同，同时避免改造原有水厂影响城市供水，所以扩建项目采用完全独立的一套系统。扩建项目建成后西北地表水厂水处理规模由现状 30 万 m^3/d 增加到 40 万 m^3/d。

5.3.2 工艺简介

净水处理工艺流程为：取水口预加氯—加药—反应—沉淀—过滤—消毒—加压—出水。

5.3.3 工艺设计参数

反应沉淀池总设计规模为 10 万 t/d，分两组，每组处理水量 5 万 t/d，自用水量按 10%计。

设计参数如下：反应池采用网格絮凝设备，水力分级为三级，一级设计流速为 0.11m/s，二级设计流速为 0.09m/s，三级设计流速为 0.08m/s，总絮凝时间为 18min。

沉淀池采用平流沉淀池形式，平流沉淀池出水采用集水槽，不锈钢制作。

5.3.4 工艺设计图纸

见图 5-11～图 5-15。

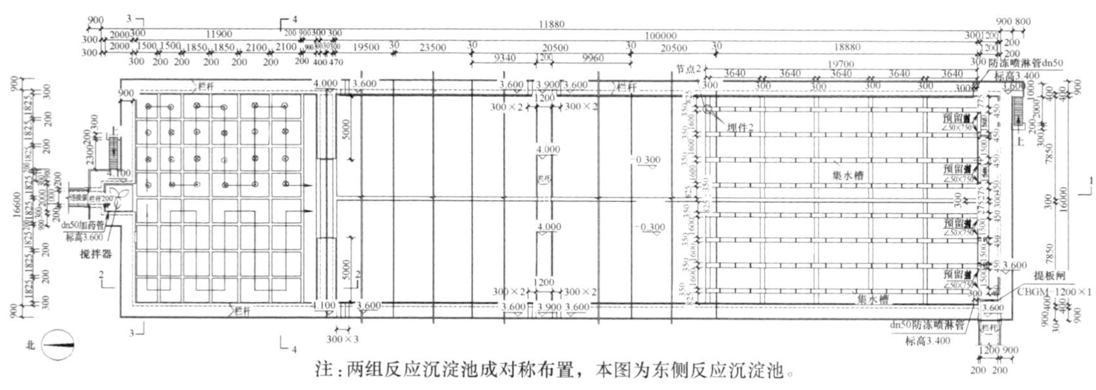

注：两组反应沉淀池成对称布置，本图为东侧反应沉淀池。

图 5-11 反应沉淀池顶平面图

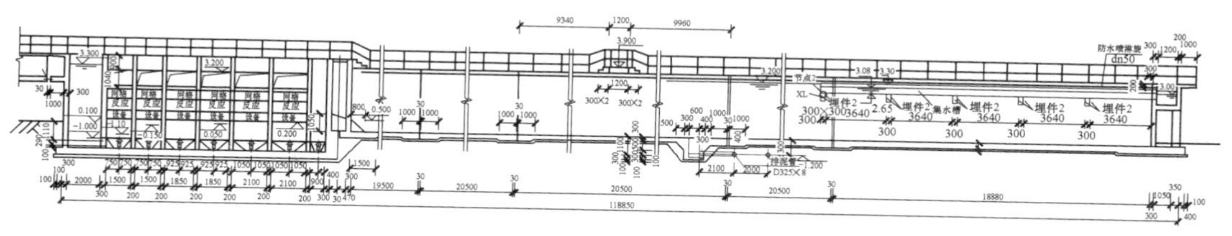

图 5-12　1—1 剖面图 1：100

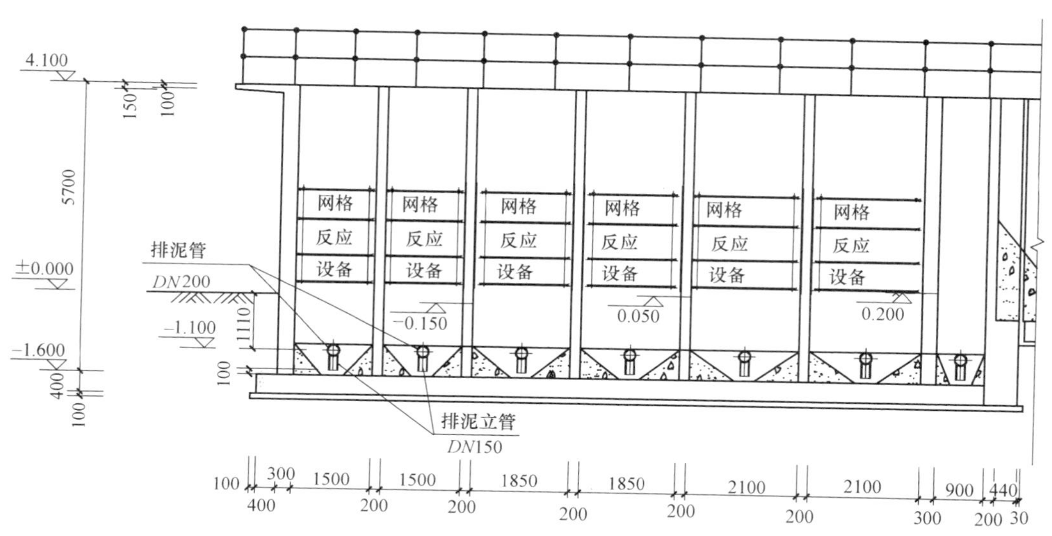

图 5-13　2—2 剖面图 1：100

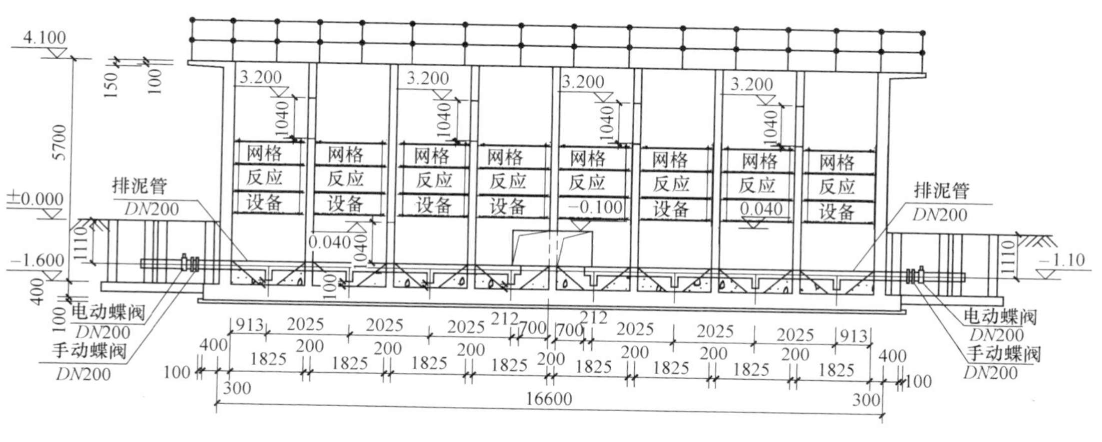

图 5-14　3—3 剖面图 1：100

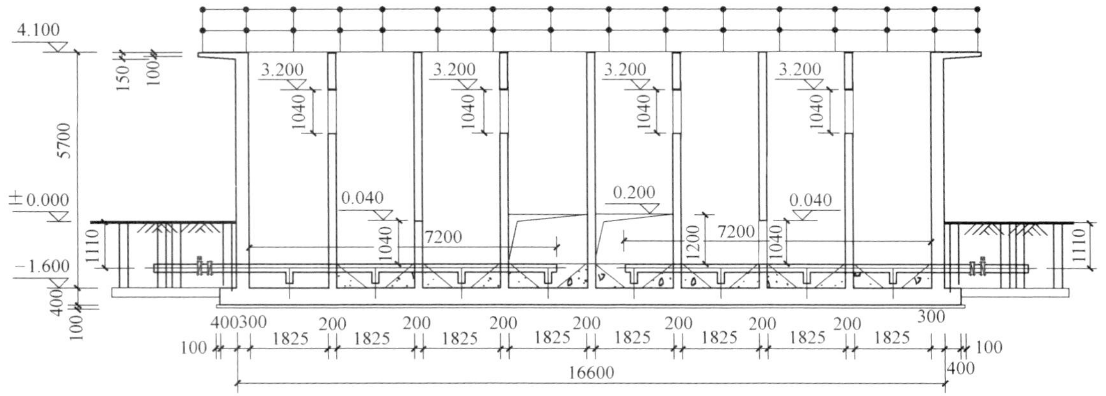

图 5-15　4—4 剖面图 1∶100

5.3.5　运行状况

针对我市严重缺水这一情况，市委、市政府积极筹划南水北调配套工程建设。2014 年 6 月 20 日建成投入运行，使市区供水紧张的局面得到缓解。除此之外，还将加快市区东北、东南两个地表水厂建设，争取早日彻底解决我市供水不足的现状。同时，在南水北调水源到达石家庄时，将结合市区供水状况，科学调整供水调度方案，用岗南、黄壁庄水库以及南水北调水互为备用水源，市区地下水作为市区供水的有效补充。至此，石家庄市区供水安全将得到有效保证。

5.4　大庆中引水厂改造工程

5.4.1　项目背景

根据油田公司总体安排，2011 年在中引水厂、南二水源、西水源建设城市用水深度处理设施，进一步提升供水水质，以满足国家颁布的《生活饮用水卫生标准》GB 5749 的要求。共需建设三座深度水厂，即中引深度水厂、南二水源深度水厂、西水源深度水厂。

三座深度水厂均采用中引水厂常规处理后水（反应＋沉淀＋过滤）作为原水，深度处理工艺采用“臭氧氧化＋活性炭吸附＋超滤＋消毒”的处理工艺。处理后水由送水泵通过配水管网输送至用户。

中引水厂原水取自龙虎泡水库，龙虎泡水库由嫩江引水，每年夏季嫩江水经 144.9km 渠道引入水库蓄水，供中引水厂全年取水。

龙虎泡水库水质特点为：存在轻度的有机物污染，高锰酸盐指数高时可达 7.8mg/L；夏季藻类爆发，藻类含量高时可达 109 个/L；冬季冰冻期达 6 个月左右，水厂原水取自冰下，最低水温 0.9℃，夏季最高水温 26.6℃。水库原水由取水泵升压后经 27km 输水管道输至中引水厂，经常规处理工艺（反应＋沉淀＋过滤）处理后部分作为三座深度水厂的原水，冬季过滤后最低水温 2℃，正常情况下浊度最高 3NTU，特殊情况下浊度最高 10NTU。

为提高深度处理水厂的进水水质和处理效果，需对中引水厂原有常规处理进行改造，改造规模为：38.0×104m^3/d，改造内容包括混合、反应、沉淀、过滤、消毒、加药和送水泵房的改造。

中引水厂由于原水水体污染严重，降低了混合反应的效果，沉淀池积泥严重，沉淀池矾花易上浮，大量污泥在斜板托架以下累积起来，使斜板下水流空间减少（过水断面减小），因此流速增加，当流速达到污泥层表面矾花的起流速度时，则有大量矾花被冲起，并被水流剪碎，这些小矾花不能为沉淀池所截留，因此水质明显恶化，即翻池现象。

对于中引水厂来说，在高浊时期运行情况良好，表明其反应与沉淀情况均很正常。但当高藻期及低温低浊期情况则不然，翻池现象频发。这是因为此时形成的矾花密度小，很松散，因此沉淀污泥层也很松散，其体积要比正常时期增大很多倍，导致污泥表面到斜板底面之间的水流空间迅速减小，其水流速度迅速增加，很快就达到了污泥表层矾花的启动流速，把矾花冲起、破坏，造成沉淀池翻池与水质变坏。

影响上述问题的因素有二：其一是沉淀池越浅，斜板下空间越小，正常运行时间越短，翻池越频繁，沉淀池出水越差，管理越困难；其二是在沉淀池面积一定的情况下，沉淀池越长，则单位宽度（指垂直于水流前进方向，即沉淀池宽度方向）水下流速越高，当斜板下积泥高度不够时，就容易达到矾花的启流速度，所以沉淀池过长也易于翻池。

5.4.2　工艺设计

（1）原管式混合器改为并联圆管混合器。2 组为 1 套，共 2 套。将原有反应池分为两个独立的反应池，每个反应池的前端安设 1 套混合器，并在混合器的前端加设两根独立的进水管，进水管上安装手动蝶阀。

设计采用 BG-1 型并联圆管混合器，规格为 D310×4，设计工艺混合时间为 30s，单套的额定通过流量为 20000m^3/d。

（2）反应池需增设排泥管，采用穿孔排泥管，单侧排泥，排泥管长 10m。将水流的推进方式由翻腾式改为水平推流式，增设隔板。反应池内增设往复式局部小孔眼网格絮凝设备，提升反应效率。

设计采用 XKW-1 型复式局部小孔眼网格絮凝设备，絮凝时间 15min，平均速度梯度 G 在 $30\sim70s^{-1}$之间，GT 为 $10^4\sim10^5$，单套的额定通过流量为 $20000m^3/d$。

（3）为降低沉淀池的堰上负荷，将尾端堰板集水改为表面穿孔集水槽集水。在沉淀池表面设置 5 根穿孔集水槽，其长度方向沿原沉淀池长度（23m）方向。由于特殊水质时期（一般为 4 月中旬）原水中挟气量非常大，为便于含气浮泥的外排，降低集水槽的超高，如此，可使浮泥在略增加负荷的情况下排出水体。

（4）在沉淀池前端及两侧增设钢制配水渠，改原沉淀池短边配水为长边配水，以增加斜板下的布水空间，降低斜板以下的水平流速，防止污泥表层颗粒被水流带起。

（5）将沉淀池斜板由原间距 15mm 改为 20mm，以增加水流通道宽度，可有效减弱由于水流上升对矾花下沉的顶托作用，利于矾花下沉，防止斜板堵塞。

设计采用 JPXJB-20 型分段集配水式小间距斜板沉淀设备，上升流速 1.22mm/s，单套的额定通过流量为 $20000m^3/d$。

5.4.3 工艺图纸

见图 5-16、图 5-17。

5.4.4 项目运行情况

改善絮凝体性能。改后的絮凝池可适当提高流速，防止低水量运行时，絮体淤积，新增设的局部小孔眼网格絮凝设备对水体的适应性高，在絮凝池的流动通道上增设局部封堵小孔眼网格，可以大幅度地增加湍流微涡旋的比例，强化反应池反应效果，形成的矾花粒度大、密实，沉降性能良好，有效地改善絮凝效果。

降低沉后水浊度。通过局部封堵小孔眼网格和小间距斜板改造后的混凝沉淀池出水水质稳定，在源水低浊段、较低浊段、高浊段的出水浊度均稳定在 3NTU 以下。正常水质情况下，沉淀池出水浊度小于 1.0NTU。抗冲击负荷强，能适应水质水量变化的特点。

提高出水品位。改造后的沉淀池出水水质满足标准要求，效果理想。确保全面、稳定地达到《生活饮用水卫生标准》GB 5749 和《城市供水水质标准》CJ/T 206 的水质指标的要求，保证供水水质，降低后续工艺的压力，减少后续工艺的膜污染，保证出水品位。

提高设备维护管理效率。絮凝池改为廊道式之后，其中的絮凝设备可便于在新增的滑道支架中抽插，便于维护管理，大大降低了维护工作量。

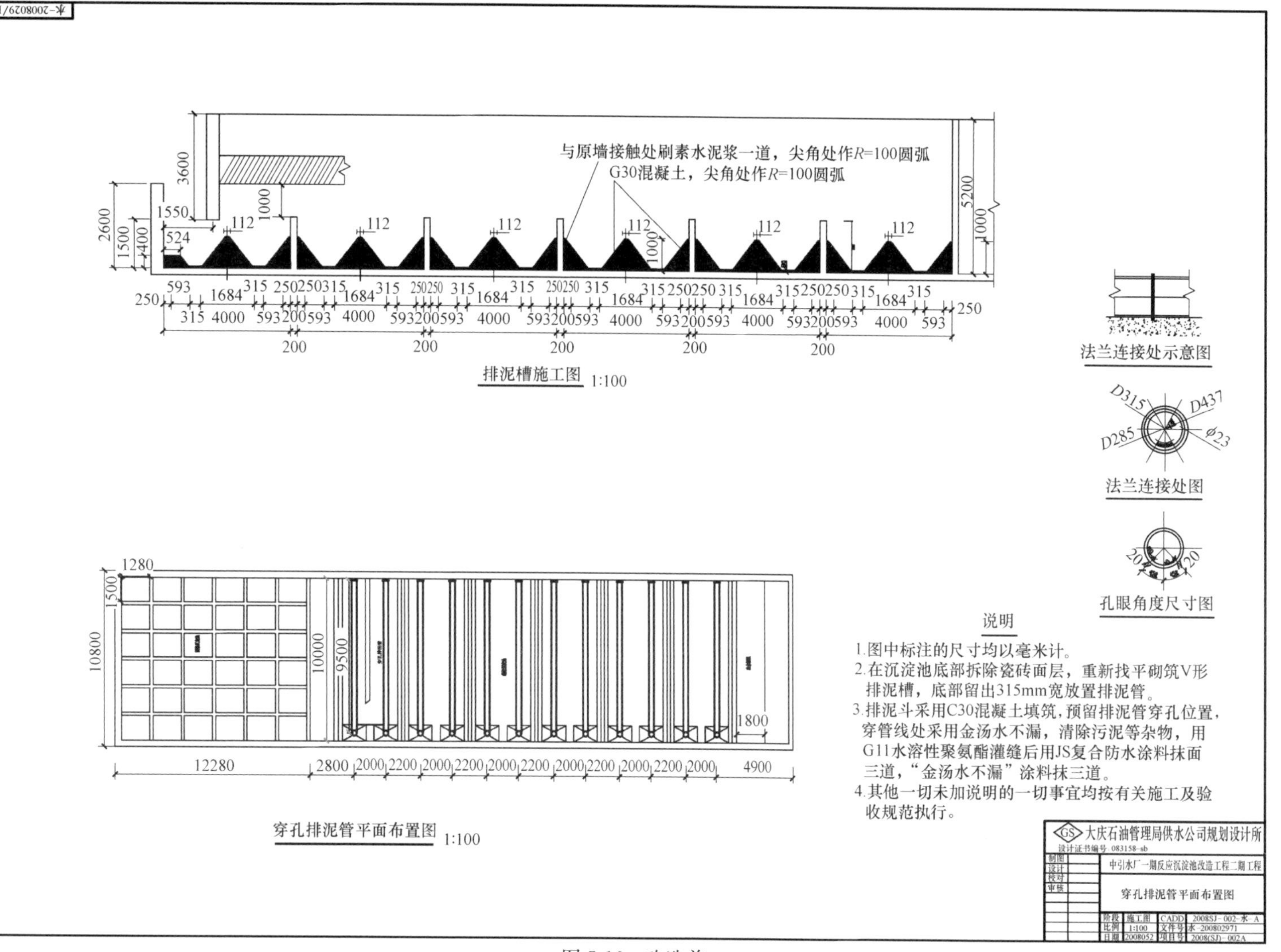
与原墙接触处刷素水泥浆一道，尖角处作R=100圆弧
G30混凝土，尖角处作R=100圆弧
排泥槽施工图 1:100
法兰连接处示意图
法兰连接处图
孔眼角度尺寸图
穿孔排泥管平面布置图 1:100
说明
1.图中标注的尺寸均以毫米计。
2.在沉淀池底部拆除瓷砖面层，重新找平砌筑V形排泥槽，底部留出315mm宽放置排泥管。
3.排泥斗采用C30混凝土填筑，预留排泥管穿孔位置，穿管线处采用金汤水不漏，清除污泥等杂物，用G11水溶性聚氨酯灌缝后用JS复合防水涂料抹面三道，"金汤水不漏"涂料抹三道。
4.其他一切未加说明的一切事宜均按有关施工及验收规范执行。
大庆石油管理局供水公司规划设计所
中引水厂一期反应沉淀池改造工程二期工程
穿孔排泥管平面布置图

图 5-16　改造前

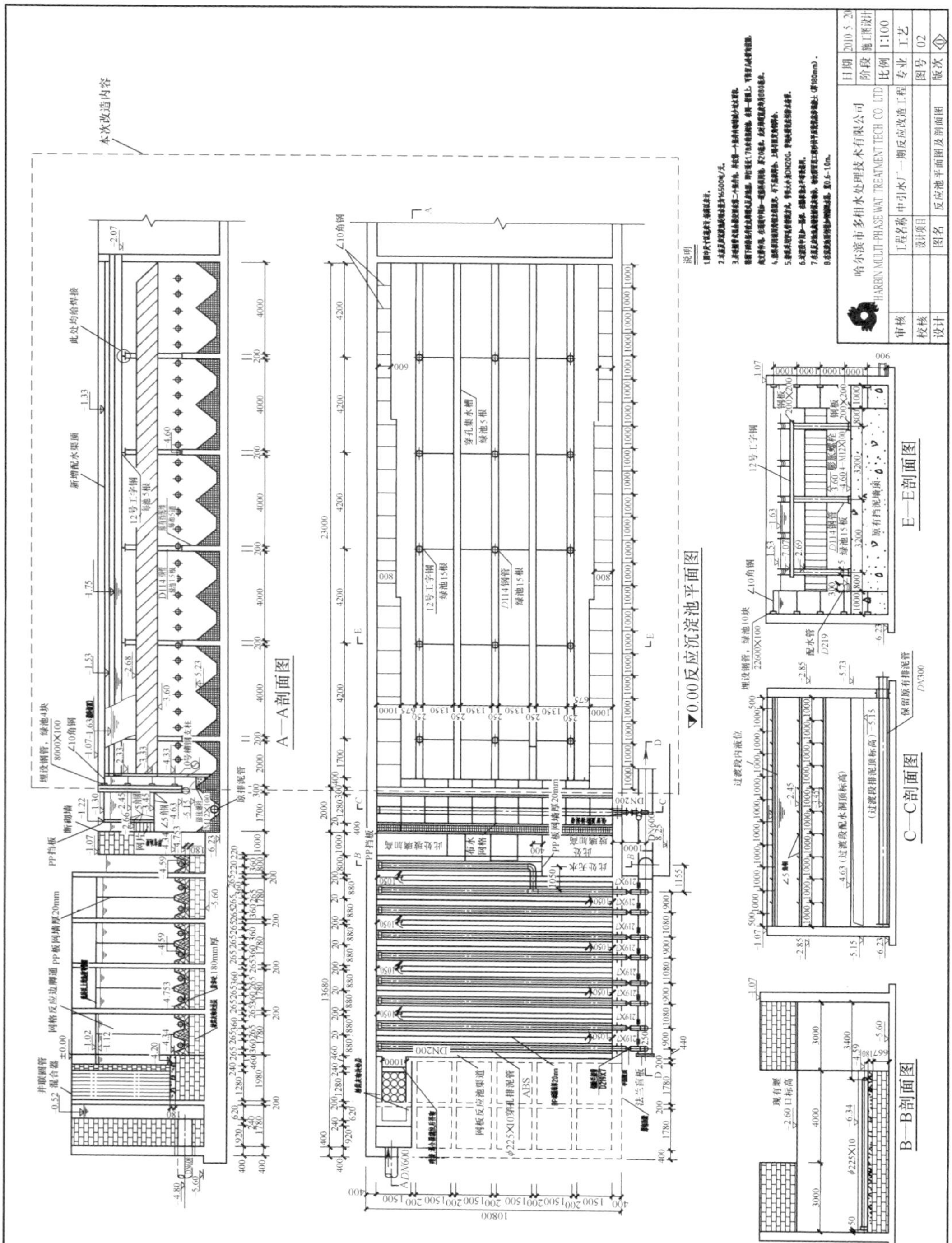
本次改造内容
A—A剖面图
▼0.00反应沉淀池平面图
E—E剖面图
C—C剖面图
B—B剖面图
说明
哈尔滨市多相水处理技术有限公司
HARBIN MULTI-PHASE WAT TREATMENT TECH. CO. LTD
工程名称 中引水厂一期反应改造工程
图名 反应池平面图及剖面图
日期 2010.5
阶段 施工图设计
比例 1:100
专业 工艺
图号 02

图 5-17 改造后

5.5　长春市北郊污水处理厂二期工程设计

5.5.1　工程概况

长春市北郊污水处理厂位于长春市宽城区团山街北环城路1065号，占地面积32hm^2，主要对伊通河两岸排水区的生活污水和工业废水进行处理，排水区域包括市中心排水区、南湖排水区、二道排水区、八里堡排水区和宋家排水区。

长春市北郊污水处理厂二期工程为国家“十一五”松花江流域治理规划项目，设计规模为污水二级处理39万t/d，污水再生利用10万t/d，二级处理采用改良A^{2}O，出水指标执行《城镇污水处理厂污染物排放标准》DB12/599一级B排放标准，污水再生利用采用混凝沉淀过滤工艺。于2006年4月份开工建设，二级处理工程于2007年9月开始调试运行，污水再生利用工程于2008年年底通水运行。

5.5.2　水质要求

根据长春市北郊污水处理厂深度处理的进水水质指标和出水水质目标，采用常规的深度处理工艺，即混凝沉淀过滤工艺就能满足要求。

污水处理厂进水水质：CODcr490mg/L，BOD_5 190mg/L，SS330mg/L，TKN40mg/L，NH_3-N30mg/L，TP8mg/L。

污水处理厂一级处理出水（二级处理进水）水质：CODcr368mg/L，BOD_5 143mg/L，SS165mg/L，TKN40mg/L，NH_3-N30mg/L，TP8mg/L。

根据设计进水水质及所要达到的出水排放标准要求，长春市北郊污水处理厂二期工程二级处理后的出水水质为：CODcr≤60mg/L；BOD_5≤20mg/L，SS≤20mg/L，TKN≤20mg/L，NH_3-N≤8(15)mg/L，TP≤1mg/L。

5.5.3　工艺简介

长春市北郊污水处理厂二期工程深度处理工艺流程如图5-18所示。

5.5.4　工艺设计参数

(1) 混合凝聚工艺设备：混合工艺采用机械混合，机械混合池单池处理能力Q=0.608m^3/s，混合时间60s，单池尺寸$L\times B\times H$=1.8m×1.8m×7.0m（有效水深）。主要设备为搅拌器，搅拌机形式为折桨式桨叶，桨叶直径0.6m，叶轮转数43r/min，桨叶层数两层，功率7.5kW，外缘线速度1.35m/s，要求有良好的混合效果，均匀度大于95%。

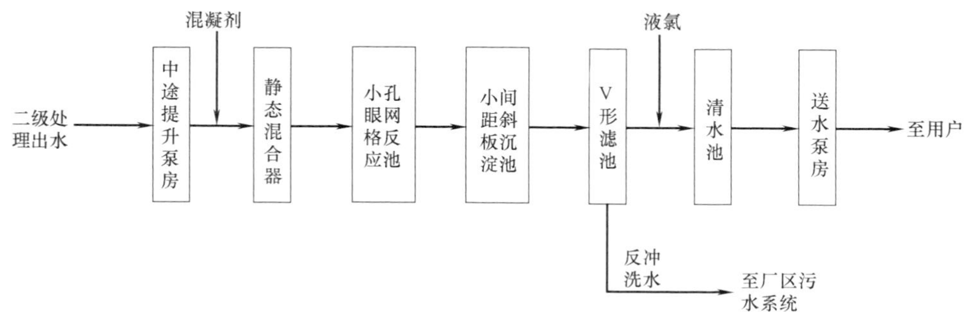

图 5-18 污水深度处理工艺流程框图

(2) 絮凝工艺：絮凝池形式为小孔眼网格絮凝池结构，设两座絮凝池，单池处理能力 52500m^3/d。絮凝时间 20min，第一段流速 12.3cm/s，第二段流速 10.0cm/s，第三段流速 8.3cm/s，每座池平面尺寸 $L\times B$=15.0m×9.0m。

(3) 沉淀工艺：沉淀池形式为小间距斜板沉淀池结构，设两座沉淀池，单池处理能力 52500m^3/d。沉淀池清水区上升流速 1.73mm/s，沉淀池表面负荷：q=0.0017m^3/(m^2·s)，单池平面尺寸 $L\times B$=22.5m×15.0m，有效水深 h=5.4m，处理后出水水质标准：浊度≤5NTU。

(4) 过滤工艺：V 形滤池的主要特点是采用粒径相对较粗 (0.95～1.35mm) 的石英砂均质滤料及较厚的滤层以增强滤层的截污纳污能力并延长滤池工作周期；气水反冲洗加表面扫洗，滤层不膨胀或微膨胀，能形成膨胀过滤和密实过滤两种工艺状态；其配水系统为长柄滤头配水系统。设一座 V 形滤池，分 10 格，平面尺寸 $L\times B$=40.0m×43.0m，处理能力 Q=1.215m^3/s，设计滤速 6.2m/s，单格过滤面积 72m^2，强制流速 6.90m/s，气冲强度 54m^3/(m^2·h)，水冲强度 15m^3/(m^2·h)，表面扫洗强度 7m^3/(m^2·h)，冲洗周期 24～36h，冲洗时间：单独气冲 2min，气水同时反冲 4min，水冲加表面扫洗 6min。

5.5.5 运行状况

污水再生利用工程于 2008 年年底通水运行，深度处理出水各项指标均满足回用标准且达到污水厂设计深度处理出水指标。深度处理出水 SS 在 7～13mg/L 之间，SS 平均去除率为 40.46%；出水 COD 在 32.1～46.3mg/L，COD 平均去除率为 21.45%；出水氨氮在 6.12～6.98mg/L 之间，氨氮平均去除率为 4.65%；出水 TP 在 0.47～0.6mg/L，TP 平均去除率为 91.68%。采用“小孔眼网格反应池+小间距斜板沉淀池+V 形滤池”的组合工艺对污水厂二级出水进行深度处理，其出水可以作为热电厂循环冷却水，水质指标满足再生水用作冷却用水的水质控制指标。

5.6　印度尼西亚燃煤电站工程

5.6.1　项目背景

印度尼西亚 PLTU 1 Jawa Barat 电厂项目的第 1、2、3 号机组（300～400MW）位于西爪哇省 Indramayu Regency 市 Sukara 区 Sumuradem 村，位于雅加达以东约 180km 处。新建 3×330MW 国产亚临界燃煤湿冷机组，设计上只考虑本期方便和可能，不考虑电厂规划容量。

本项目由中国政府贷款，印度尼西亚国家电力公司（简称 PLN）投资建设，中国电工设备总公司（简称中电工）总承包。

本期三台机组设置一座岸边循环水泵房。凝汽器采用钛管，循环冷却系统采用海水直流冷却，由海水预处理系统提供冷却水，水预处理系统水源取自爪哇海的海水。

本工程处理水量为 3200m^3/h，自用水量按 5%计算。共设 4 座反应沉淀池，单池处理水量为 800 m^3/h。

5.6.2　工艺设计

处理系统流程：原水→混合（孔板式净水混合器）→反应凝聚（小孔眼格网反应池）→沉淀（小间距斜板沉淀池）→出水。

混合反应沉淀池处理系统设计参数：

混合时间：3～5s，孔板式净水混合装置（$DN500$，Q=800m^3/h）。

絮凝时间：13min，小孔眼格网反应设备（三级流速为 11.4cm/s、9.3cm/s、7.4cm/s、Q=800m^3/h）。

反应池高度：5.6m（排泥斗高度 0.7m；超高 0.3m）。

沉淀池上升流速：v=1.7mm/s，小间距斜板沉淀设备（d=25mm，Q=800m^3/h）。

沉淀池高度：5.2m（排泥斗高度 1.0m；超高 0.3m）。

5.6.3　项目运行情况

进水水质：最大 100～150mg/L，多数时间为 20～50mg/L。

出水水质：反应沉淀后的出水浊度不大于 3NTU。

海水预处理系统是电厂海水淡化站工程配套项目，该系统能够提供符合海水淡化设备（MED）入口水质要求的合格海水。水源：爪哇海水；压力约为 0.1MPa。

5.6.4　工艺图纸

见图 5-19、图 5-20。

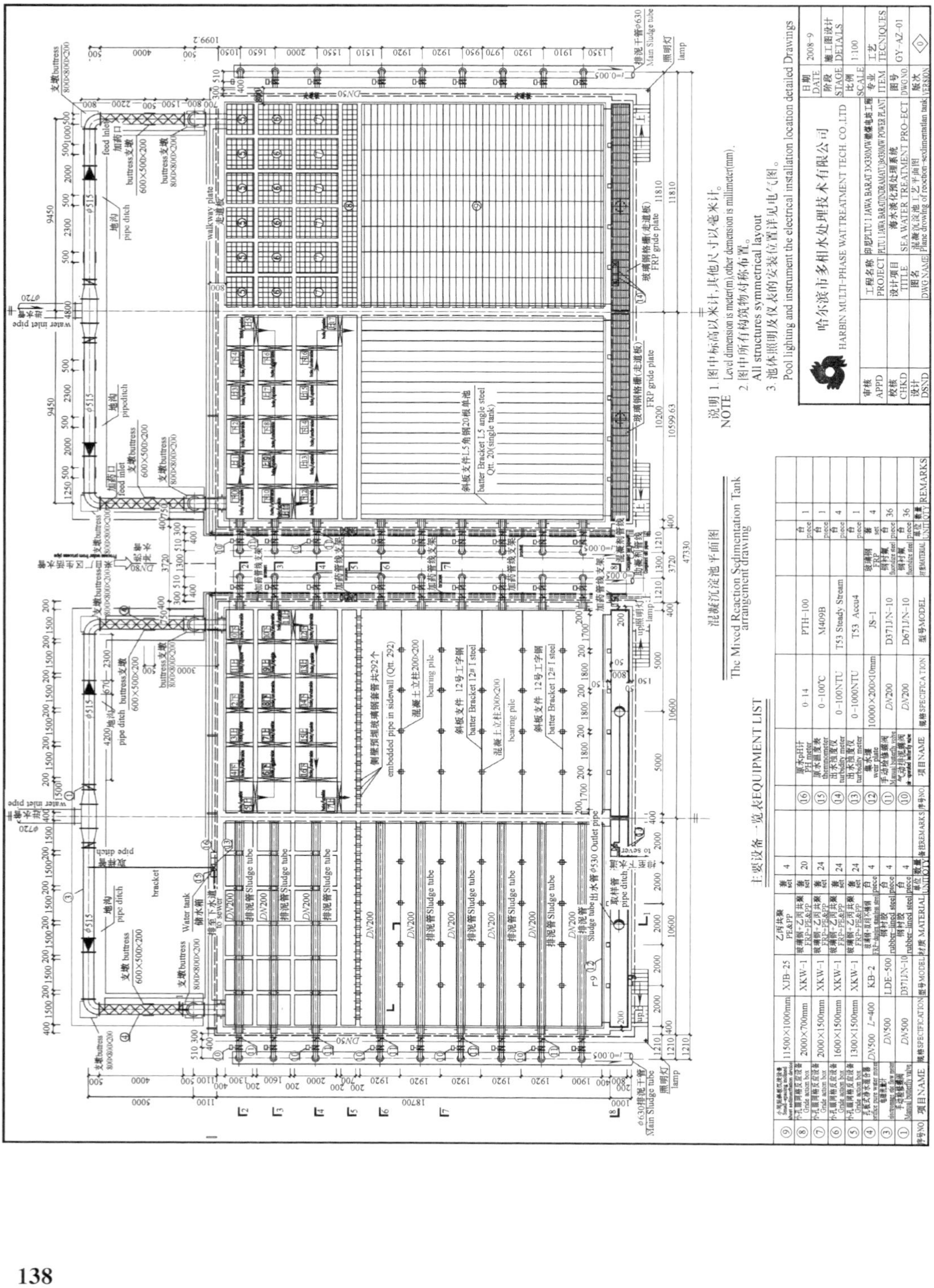

混凝沉淀池平面图

The Mixed Reaction Sedimentation Tank arrangement drawing

说明 NOTE

1. 图中标高以米计，其他尺寸以毫米计。
Level dimension is meter(m),other demension is millimeter(mm).
2. 图中所有构筑物对称布置。
All structures symmetrical layout
3. 池体照明及仪表的安装位置详见电气图。
Pool lighting and instrument the electrical installation location detailed Drawings

主要设备一览表EQUIPMENT LIST

序号NO.	项目NAME	规格SPECIFICATION	型号MODEL	材质 MATERIAL	单位UNIT	数量QTY	备注REMARKS	序号NO.	项目NAME	规格SPECIFICATION	型号MODEL	材质MATERIAL	单位UNIT	数量QTY	REMARKS
⑨	小间距斜板沉淀设备 Small-spacing inclined sheet sedimentation device	11500×1000mm	XJB-25	乙丙共聚 PE&PP	套 set	4									
⑧	小孔眼网格反应设备 Gride action box	2000×700mm	XKW-1	玻璃钢+乙丙共聚 FRP+PE&PP	套 set	20		⑯	原水pH计 PH meter	0-14	PTH-100		台 piece	1	
⑦	小孔眼网格反应设备 Gride action box	2000×1500mm	XKW-1	玻璃钢+乙丙共聚 FRP+PE&PP	套 set	24		⑮	原水温度表 themnometer	0-100℃	M409B		台 piece	1	
⑥	小孔眼网格反应设备 Gride action box	1600×1500mm	XKW-1	玻璃钢+乙丙共聚 FRP+PE&PP	套 set	24		⑭	出水浊度仪 turbidity meter	0-100NTU	T53 Steady Stream		台 piece	4	
⑤	小孔眼网格反应设备 Gride action box	1300×1500mm	XKW-1	玻璃钢+乙丙共聚 FRP+PE&PP	套 set	24		⑬	出水浊度仪 turbidity meter	0-1000NTU	T53 Accu4		台 piece	1	
④	孔板式净水混合器 orifice pure water mixer	DN500 L=400	KB-2	玻璃钢+双相不锈钢 FRP+duplex stainless steel	台 piece	4		⑫	集水堰 weir plate	10000×200×10mm	JS-1	玻璃钢 FRP	套 set	4	
③	电磁流量计 electromagnetic flow meter	DN500	LDE-500	钢衬胶 rubber-lined steel	台 piece	4		⑪	手动检修蝶阀 Manual butterfly volve	DN200	D371J/N-10	钢衬氟 fluoridize steel	台 piece	36	
①	手动检修蝶阀 Manual butterfly valve	DN500	D371J/N-10	钢衬胶 rubber-lined steel	台 piece	4		⑩	气动排泥蝶阀 air-operated butterfly valve	DN200	D671J/N-10	钢衬氟 fluoridize steel	台 piece	36	

哈尔滨市多相水处理技术有限公司 HARBIN MULTI-PHASE WAT.TREATMENT TECH. CO.,LTD		日期 DATE	2008-9
		阶段 STAGE	施工图设计 DETAILS
		比例 SCALE	1:100
审核 APPD	工程名称 PROJECT：印尼PLTU 1 JAWA BARAT 3×330MW燃煤电站工程 PLTU 1 JAWA BARAT(INDRAMAYU)3×330MW POWER PLANT	专业 ITEM	工艺 TECNIQUES
校核 CHKD	设计项目 TITLE：海水淡化预处理系统 SEA WATER TREATMENT PRO-ECT	图号 DWG NO.	GY-AZ-01
设计 DSND	图名 DWG NAME：混凝沉淀池工艺平面图 Plane drowing of reaction-sedimentatlan tank	版次 VERSION	0

图 5-19 平面图

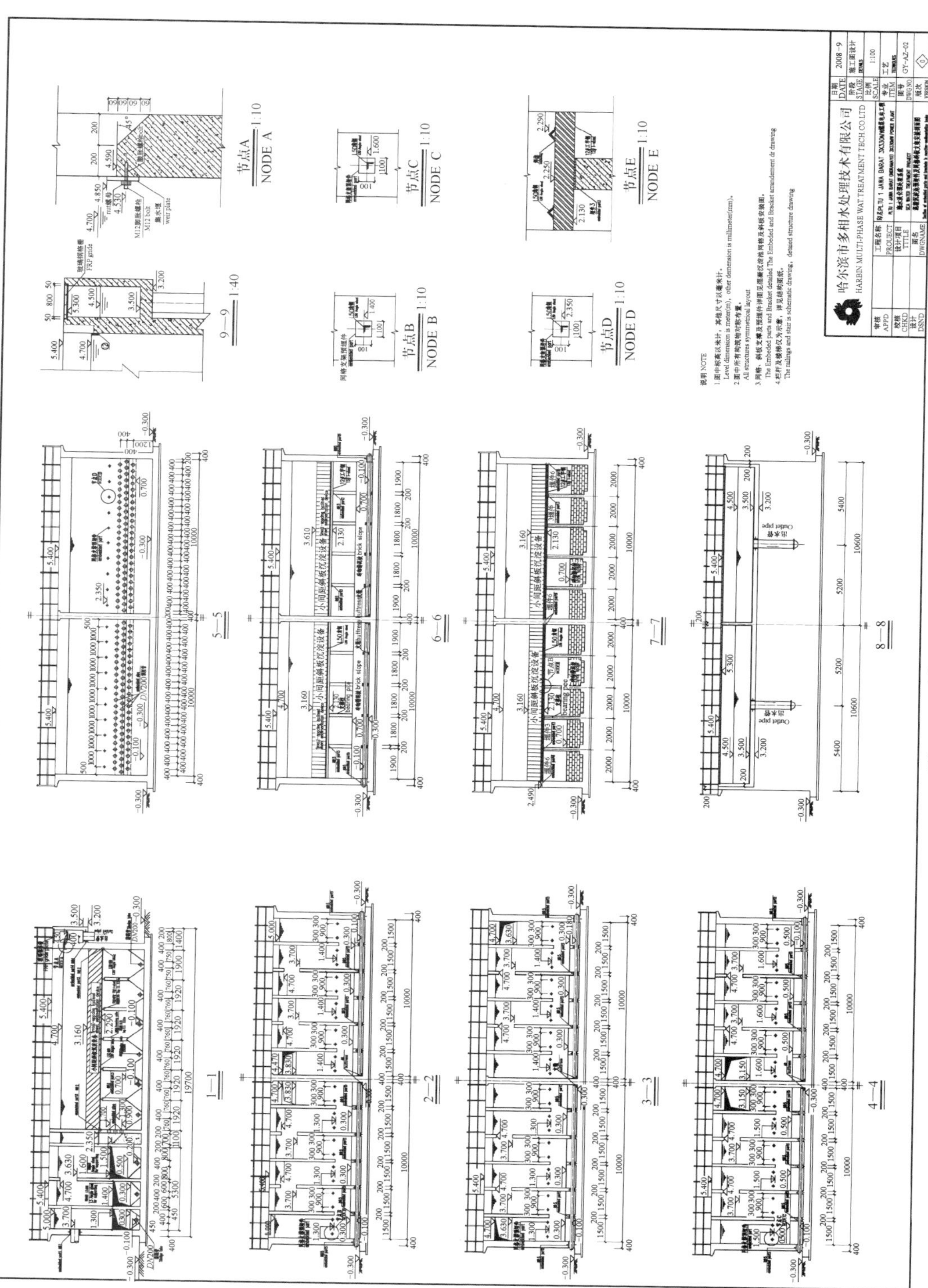

节点A NODE A 1:10
节点B NODE B 1:10
节点C NODE C 1:10
节点D NODE D 1:10
节点E NODE E 1:10
9—9 1:40
5—5
6—6
7—7
8—8
1—1
2—2
3—3
4—4
哈尔滨市多相水处理技术有限公司
HARBIN MULTI-PHASE WAT TREATMENT TECH CO LTD

图 5-20　剖面图、节点图

参 考 文献

[1] Camp T. R., Stein P. C. Velocity Gradients and Internal Work in Fluid Motion [J]. Journal of the Boston Society of Civil Engineers, 1943 (30): 219-236.

[2] 周培源．涡量脉动的相似性结构与湍流理论 [J]. 力学学报，1959，3 (4)：281-295.

[3] V. G. Levich. Physicochemical Hydrodynamics [Z]. Chap. 1, Prentice Hall, Englewood Cliffs, New Jersey, 1962.

[4] Tambo N., Hozumi H. Physical Characteristics of Flocs-II. Strength of Flocs [J]. Water Research, 1979, 13 (5): 421-427.

[5] Norihito Tambo, Yoshimasa Watanabe. Physical Aspect of Flocculation Process-I: Fundamental Treatise [J]. Water Research, 1979, 13 (5): 429-439.

[6] 戚盛豪，乐玉祥．净水厂设计 [M]. 北京：中国建筑工业出版社，1982.

[7] E·Д·巴宾科夫著. 论水的混凝 [M]. 郭连起译. 北京：中国建筑工业出版社，1982：127-129.

[8] Clark M. M. Critique of Camp and Stein's RMS Velocity Gradient [J]. Journal of Environmental Engineering, ASCE, 1985 (111): 741-754.

[9] 高志强. 对混凝动力学中涡旋微尺度物理意义的探讨 [J]. 中国给水排水，1986，2 (4)：10-14.

[10] 钟淳昌．净水厂设计 [M]. 北京：中国建筑工业出版社，1986.

[11] 王晓昌，曹翀．絮凝池综合指标 $GT/\sqrt{Re}$ 物理意义的研讨 [J]. 中国给水排水，1989，5 (4)：4-9.

[12] 王乃忠．絮凝效果控制指标的选择 [J]. 中国给水排水，1989，5 (6)：38-39.

[13] 李镜明，刘向荣．机械絮凝池 G 值分布的研究 [J]. 中国给水排水，1990，6 (1)：4-7.

[14] 王绍文，姜安玺，孙喆．混凝动力学的涡旋理论探讨（上）[J]. 中国给水排水，1991，7 (1)：4-7.

[15] 王绍文，姜安玺，孙喆．混凝动力学的涡旋理论探讨（下）[J]. 中国给水排水，1991，7 (4)：8-11.

[16] 刘继平．上向流斜管沉淀理论去除率公式的推导 [J]. 西安冶金建筑学院学报，1991，23 (1)：105-110.

[17] Jiang Q. Logan B. E. Fractal Dimensions Determined from Steady-State Size Distribution [J]. Science and Technology, 1991, 25 (12): 2031-2038.

[18] 夏震寰．现代水力学（三）紊动力学 [M]. 北京：高等教育出版社，1992.

[19] 许保玖，安鼎年．水处理理论与设计 [M]. 北京：中国建筑工业出版社，1992.

[20] 周建平．网格絮凝池工作原理探讨［J］．净水技术，1995，14（3）：13-15．

[21] Ahmet D. Determination Optimum Plate of Settling Efficiency and Angle for Plated Settling Tanks［J］. Water Research，1995，29（2）：611-616．

[22] 王绍文．惯性效应在絮凝中的动力学作用［J］．中国给水排水，1998，14（2）：13-16．

[23] 曲久辉，汤鸿霄，栾兆坤，李大鹏．水厂高效絮凝技术集成系统研究方向［J］．中国给水排水，1999，15（4）：20-21．

[24] 武道吉，谭风训，王江清．紊流絮凝技术研究［J］．水处理技术，1999，25（3）：171-173．

[25] 严煦世，范谨初．给水工程［M］．第四版．北京：中国建筑工业出版社，1999．

[26] 王绍文．亚微观传质在水处理反应工艺中的作用［J］．中国给水排水，2000，16（1）：30-31．

[27] 武道吉，谭凤川，王新文，修春海，张华．絮凝动力机理与控制指标研究［J］．环境工程，2000，18（5）：22-25．

[28] 许保玖．给水处理理论［M］．北京：中国建筑工业出版社，2000：194-295．

[29] 许保玖，龙腾锐．当代给水与废水处理原理［M］．北京：高等教育出版社，2000：105-111．

[30] 谭章荣，秦祖群，孙友勋，高乃云，范瑾初．异波折板絮凝池絮凝控制指标研究［J］．中国给水排水，2002，16（6）：58-60．

[31] 黄廷林，李玉仙，张志政，卢金锁，丛海兵．斜管沉淀池布水均匀性模拟计算与工艺参数分析［J］．给水排水，2005，31（4）：16-19．

[32] John T. Adeosun，Adeniyi Lawal. Numerical and Experimental Studies of Mixing Characteristics in a T-junction Microchannel Using Residence-Time Distribution.［J］Chemical Engineering Science，2006，64（10）：2422-2432．

[33] Sudipto S.，Dibyendu K. Effect of Geometric and Process Variables on the Performance of Inclined Plate Settlers in Treating Aquacultural Waste［J］. Water Research，2007（41）：993-1000．

[34] 刘兴旺，胡晞，肖利平．D/UL 作为絮凝控制指标的研究［J］．环境工程学报，2011，5（7）：1554-1557．

[35] 丰桂珍，童祯恭，唐朝春．斜管（板）沉淀技术优化研究进展［J］．华东交通大学学报，2011，28（6）：28-32．

[36] 林选才，刘慈慰等．给水排水设计手册［M］．第 2 版．北京：中国建筑工业出版社，2004．

[37] 张悦，张晓健，陈超等．城市供水系统应急净水技术指导手册［M］．北京：中国建筑工业出版社，2009．

[38] 中华人民共和国卫生部，中国国家标准化管理委员会．生活饮用水卫生标准 GB 5749—2006［S］．北京：中国标准出版社，2005．

[39] 岳舜琳，陆在宏，周云，莫兴康，岳宇明．水厂排泥水浓缩性能研究［J］．净水技术，2003（5）．

[40] Ponou J., Ide T., Suzuki A., et al. Evaluation of the Flocculation and De-Flocculation Performance and Mechanism of Polymer Flocculants [J]. Water Sci Technol, 2014, 69 (6): 1249-1258.

[41] 徐宝剑，董丽．反应池与沉淀池合建的设计与施工要点 [J]. 中国给水排水，2004，20（8）：61-63.

[42] 中华人民共和国建设部．室外给水设计规范 GB 50013—2006 [S]. 北京：中国计划出版社，2006.

[43] 陈敏，范春艳，陈宇骁．我国饮水安全技术标准体系的建设与应用问题：自主创新与持续增长第十一届中国科协年会 [C]. 中国重庆，2009.

[44] 叶少帆，王志伟，吴志超．微污染水源水处理技术研究进展和对策分析 [J]. 水处理技术，2010（6）.